一本书读懂0~5岁孩子的心理世界

0~5岁 妈妈一定要懂的 育儿心理

江慧◎著

中国妇女出版社

图书在版编目（CIP）数据

0-5岁，妈妈一定要懂的育儿心理 / 江慧著. --北京：中国妇女出版社，2016. 7
ISBN 978-7-5127-1303-1
Ⅰ.①0… Ⅱ.①江… Ⅲ.①婴幼儿心理学②婴幼儿—哺育 Ⅳ.①B844.11②TS976.31
中国版本图书馆CIP数据核字（2016）第116957号

著作权合同登记号 图字：01-2015-8148

0～5岁，妈妈一定要懂的育儿心理

作　　者：江　慧　著
责任编辑：肖玲玲
封面设计：尚世视觉
责任印制：王卫东
出版发行：中国妇女出版社
地　　址：北京东城区史家胡同甲24号　　邮政编码：100010
电　　话：（010）65133160（发行部）　　65133161（邮购）
网　　址：www. womenbooks. com. cn
经　　销：各地新华书店
印　　刷：北京通州皇家印刷厂
开　　本：165×235　1/16
印　　张：15.5
字　　数：174千字
版　　次：2016年7月第1版
印　　次：2016年7月第1次
书　　号：ISBN 978-7-5127-1303-1
定　　价：32.00元

序言

Preface

孩子是上天赐予我们的最珍贵的礼物，我们无论怎么爱孩子都会觉得不够。可是，新手父母在喜庆之余不免会遇到很多困惑：宝宝突发性的大声啼哭、莫名的烦躁、没来由的惊恐、纠结的表情、夸张的动作……宝宝的每个行为、每种情绪到底预示着什么呢？

随着宝宝的长大，你还会惊奇地发现，原来宝宝极具表演天赋，以致你根本不懂他的小脑袋整天都在琢磨些什么，想让他说出心里话，真是比登天还难。特别是在宝宝学会说话之前，他还没有足够的表达能力来顺利传递信息，只能靠面部表情和肢体语言来表达自己的一些想法和意愿。因此，父母想要通过这些举动完全理解宝宝的特殊“语言”是十分困难的。况且，有时候自己的理解常常与宝宝的愿望风马牛不相及，这让新手父母更是多了几分照顾不周的担忧。

为了帮助新手父母找到解开疑惑的钥匙，给宝宝的健康成长铺平道路，本书通过对0～5岁宝宝的细致剖析，引领新手父母倾听宝宝的身体语言，读懂宝宝的心理，在第一时间破译宝宝行为背后的“潜台词”，给予宝宝最贴心、最温暖的爱。

我衷心希望每一个宝宝都能“畅所欲言”，每一位爸爸妈妈都能读懂宝宝的心理，并祝福每一个家庭都能在爱和理解的阳光下幸福生活。

江　慧

目录

Contents

第一章

难以沟通的1岁：

读懂宝宝的行为

> 宝宝已经有了自我意识 >>

面对小婴儿，新手爸妈常常一头雾水、不知所措：宝宝到底要什么？喝奶？睡觉？冷了？热了？生气了？……本章将从破译1岁宝宝的独特行为出发，让爸爸妈妈能够轻松读懂宝宝的行为和“语言”。特别要提醒新手爸妈的是，1岁宝宝最需要安全感和温暖的呵护，他们的表达也往往是自己最直接的需要。

第一节

从哭声中读懂宝宝的需求

宝宝哭声响亮，时间很短——生理性啼哭

当你听到宝宝响亮而有节奏的哭声时，妈妈不要立刻乱了阵脚，仔细观察分析后再下定论也不迟。

首先看一下宝宝哭的时间长不长，再分析一下宝宝最近几天吃喝、睡眠、玩耍是否正常。如果这一切都正常，那就不用担心。

宝宝的这种啼哭声被称为正常啼哭，因为此时是宝宝生长的最佳时期，宝宝会通过任何可能的方式促进自我生长发育。这时候，宝宝每次哭的时间都很短，一天能哭好几次。这个小可爱好像稍有不顺心就会一触即发，用啼哭来表达不满。这是正常的表现，妈妈们不用担心。

解读

正常啼哭对于宝宝来说好处多多：

可以促进宝宝智力发育。研究发现，啼哭可以建立条件反射，促进宝宝的神经系统发育。

可以促进宝宝肺活量水平的提升。有节奏地啼哭可以促进大量新鲜氧气的吸入，以及二氧化碳的排出，增加肺部的活动量。

可以促进宝宝的新陈代谢，加快血液循环。

可以增进宝宝的食欲。正常啼哭可以促进肠胃的消化吸收能力，所以很多有经验的老人会说："哭一哭，吃得多。"

孩子的心声

我感觉良好，要多多运动！

妈妈怎么做

妈妈只需对宝宝笑一笑，轻轻摸摸宝宝的小脸或拉拉宝宝的小手，宝宝自然会停止啼哭。

宝宝边哭边张嘴寻找乳头——饥饿啼哭

宝宝不仅可爱而且非常聪明，当他有饥饿感时，他会用有节奏的、由小到大的哭声来提醒妈妈：他饿了。当妈妈用手抚摸宝宝的小脸时，宝宝更是不失时机地张开嘴，卖力地扭头做出要吃东西的模样。如果妈妈不及时喂奶，宝宝便开始拿出他最有效的武器——哭，来向妈妈抗议。如果妈妈此刻及时喂奶，宝宝的哭声便会慢慢停止，甚至还会露出心满意足的笑容。

孩子的心声

我饿了，妈妈快给我喂奶吧！

妈妈怎么做

妈妈要观察宝宝的脸部表情，摸摸小脸，看宝宝是否表现出想吃东西的样子。

宝宝哭声尖锐、乱蹬小腿——溢奶啼哭

宝宝是个贪吃的小家伙，稍不留神就会喝得溢奶，甚至会发生呕吐的现象。这个时候，宝宝会发出尖锐的哭声，并不断地乱蹬小腿。

孩子的心声

妈妈给我喂得太多了，我的小肚子好胀啊！

妈妈怎么做

容易溢奶的宝宝喝过奶后，妈妈切勿立即将宝宝平放在床上，而应直立着将宝宝抱起，让宝宝的头靠在自己的肩膀上，然后轻拍宝宝的后背，给宝宝拍嗝。如果宝宝没有打嗝，妈妈也不要担心，只需将宝宝侧身放在床上（平放的话，如果宝宝溢奶会堵塞呼吸道或者流进耳朵）。哭闹、玩

要会加快宝宝的消化，过一段时间宝宝就会停止啼哭。

宝宝低声地哭，不停踢小腿——尿床啼哭

宝宝尿尿的次数和喝奶一样频繁，小家伙可不是省油的灯。当妈妈听到宝宝低声地哭，而且小腿不停地踢蹬时，宝宝可能是又尿尿了。宝宝在提醒妈妈，他的小屁股已经不舒服了。

孩子的心声

妈妈，我尿尿了，屁屁好难受！

妈妈怎么做

掌握宝宝尿尿的规律，不时观察一下宝宝的尿布或尿不湿是不是干爽。宝宝的尿尿频率很高，需要妈妈适时更换尿布或尿不湿。

宝宝哭声低沉，手脚微凉——畏冷啼哭

宝宝嘴唇发紫，手脚微凉，啼哭时声音低沉有节奏，身体不怎么动。

孩子的心声

太冷了，妈妈再给我加一条小被子吧！

妈妈怎么做

妈妈要时刻注意给宝宝保暖，经常摸摸宝宝的小手和小脚是不是凉凉的。尽量让宝宝处在阳光充足、温暖干燥的居所。

宝宝躁动不安，哭声很大——惧热啼哭

宝宝小脸潮红，脖子、大腿有汗，躁动不安，哭声大。

孩子的心声

妈妈，我好热！

妈妈怎么做

妈妈要时刻留意宝宝所处环境的温度，尤其是炎热的夏天，宝宝往往会流很多汗，尤其是肉褶较多的脖子、大腿根处。如果这些地方出汗，妈妈就要及时为宝宝擦干，并将宝宝放在较凉爽的环境中，这时宝宝就会逐渐安静下来。

宝宝哭闹时皱眉、揉眼睛——困倦啼哭

如果宝宝在困倦时得不到休息，他会紧紧皱眉，双手不停地揉自己的眼睛，表现为烦躁地哭闹，并不停地扭动身躯。

孩子的心声

我累了，妈妈快让我睡觉吧！

妈妈怎么做

当妈妈把宝宝放在一个安静清爽的地方，宝宝很快就会安静下来，乖乖地进入梦乡。

宝宝哭声尖厉——怕痛啼哭

本来玩得好好的宝宝，突然发出很尖厉的哭声。

孩子的心声

妈妈，坏东西弄痛我了！

妈妈怎么做

宝宝突然尖厉地啼哭，往往是外界因素所致。当发生这些情况时，妈妈要仔细观察一下周围环境，是不是玩具刺痛或碰伤了宝宝？是否有小虫

子咬到宝宝细嫩的皮肤了？宝宝身上有没有被叮咬、刮伤的痕迹？有的话只要及时处理，宝宝就会停止哭闹。

宝宝哭声平和，有节奏感——求助性啼哭

聪明的小家伙不断扭头寻找人，他哭声平和，很有节奏感，一副左顾右盼的样子。如果妈妈走到跟前，他会立刻对妈妈流露出期盼的神色，虽然哭声变小，但仍然不停地哼哼唧唧。

孩子的心声

妈妈，快抱抱我吧！

妈妈怎么做

宝宝出生不久，对这个全新的世界或多或少会有恐惧，因此，1岁宝宝最需要妈妈给予的安全感、满足感，妈妈要多给予宝宝呵护和关爱。

宝宝晚上一关灯就哭——寻求亮光啼哭

好不容易熬过了辛苦的十月怀胎，原本以为可以轻松一下了，可是爸爸妈妈发现，宝宝出生后更不让人省心了，他喜欢白天睡大觉，一到晚上关灯后就啼哭吵人，辛苦的爸爸妈妈不得不几乎24小时备战。

孩子的心声

妈妈，屋子好黑，我好怕！

妈妈怎么做

很多宝宝都有夜晚哭闹的习惯，但只要妈妈一打开灯，宝宝就会停止哭泣，眼睛滴溜溜转个不停。这些情况下的啼哭多是昼夜颠倒所致，妈妈只要帮助宝宝调整睡眠时间，让宝宝养成良好的睡眠习惯即可。

宝宝哭声一阵接一阵、不耐烦——受到打扰啼哭

如果宝宝是一阵一阵不耐烦地哭叫，说明宝宝想睡觉了，也就是所谓的“闹觉”。很多时候是因为屋里人太多、声音嘈杂或者屋子里空气浑浊、温度很高等造成宝宝情绪焦躁，不易入睡。

孩子的心声

吵死人了，我很困，却被吵得无法入睡！

妈妈怎么做

宝宝有良好的睡眠质量才能健康成长，妈妈要尽量为宝宝提供一个安静、舒适的环境，避免上述不良因素的干扰。

宝宝突然大哭，声音刺耳——受惊吓啼哭

如果宝宝突然哭起来，而且哭声很刺耳，还伴随着号叫，这多半是由于害怕造成的。

孩子的心声

妈妈，我好怕。

妈妈怎么做

宝宝是那样的弱小，他们还没有足够的勇气来应对这个复杂多变的新世界，任何一种情形都可能让宝宝产生恐惧：黑暗、孤独、噪声、疼痛、小动物……妈妈要有足够的耐心和爱心来呵护、抚慰宝宝，为宝宝提供一个温馨的环境。

宝宝委屈的哭声持续不断——感到不舒服啼哭

宝宝的哭声很委屈，且持续不断，眼泪汪汪的。

孩子的心声

妈妈，我觉得有点儿不舒服。

妈妈怎么做

是不是睡姿让宝宝不舒服？是不是尿布已经湿透？是不是身上出汗该洗澡了？是不是天气太冷或太热了？……很多外界因素都可能导致宝宝身体上的不舒服。妈妈需要细心地去找出宝宝不舒服的原因，尽快处理，让宝宝摆脱不舒服的困扰。

第二节

从小动作读懂宝宝的需要

宝宝瘪起小嘴——对父母有要求

宝宝的小嘴有时会瘪起，一脸的委屈，妈妈可要注意了，这可是宝宝啼哭的前奏。

孩子的心声

我要……

妈妈怎么做

宝宝虽然小，但是有一招制伏爸爸妈妈的撒手锏——哭。当宝宝想要什么时，他就会使出这一招。所以，妈妈要及时了解宝宝的需求，尽量满足宝宝。

宝宝噘嘴或咧嘴——想要尿尿

男宝宝通常以噘嘴来表示想要小便，女宝宝则多以咧嘴或抿着下嘴唇来表示想要小便。

孩子的心声

我要尿尿。

妈妈怎么做

妈妈要培养宝宝定时排尿的良好习惯。因为宝宝的皮肤细嫩，尿布湿了，太久不换很容易引发尿布疹，对宝宝的皮肤造成损伤。妈妈要不时地检查宝宝的尿布是不是湿了。在炎热的夏季，尽量给宝宝用透气性较好的尿布。

宝宝小脸发红——想要大便

宝宝的新陈代谢十分频繁，一会儿工夫就会尿尿，疲惫的爸爸妈妈24小时都在忙着喂奶、换尿布，这是一件体力活。但是掌握了宝宝排便的规律，就会事半功倍。

如果宝宝两眼发直、眉筋暴起，小脸发红，就是拉响要排便的警报了，妈妈要及时让宝宝排便。

孩子的心声

我要便便。

妈妈怎么做

培养宝宝良好排便的习惯，避免宝宝将便便排在尿布里。观察宝宝的面部表情，一发现宝宝有排便要求，妈妈就要及时帮助宝宝。

宝宝两眼无神——可能生病了

眼睛是心灵的窗户，健康宝宝的眼睛就像两颗亮晶晶的黑葡萄。当宝宝的眼神有些呆滞无神时，就说明宝宝的身体可能出现某种问题了，很可能是宝宝生病了。

孩子的心声

妈妈，我病了。

妈妈怎么做

宝宝的免疫力弱，稍有不慎就会生病。两眼无神是宝宝生病的一个信号，妈妈应及时带宝宝去医院检查，不能拖延。

宝宝慵懒——吃饱了

吃足奶的宝宝，当妈妈把乳头再伸向宝宝的小嘴时，宝宝就会不断摇头拒绝再吃，浑身变得慵懒、完全放松。这时就说明宝宝已经吃饱了，不能再喂奶了。

孩子的心声

我已经吃饱了。

妈妈怎么做

宝宝是妈妈的掌中宝，过于溺爱孩子的妈妈生怕宝宝饿着，不免会给宝宝喂过量。所以妈妈要尊重宝宝的意愿，当宝宝拒绝再吃时，就不要再给宝宝喂奶了。

宝宝不由自主地蜷缩——舒适且有安全感

宝宝喜欢将小腿蜷缩在一起，可是这样缩成一团儿，怎么长个子呢？心急的妈妈还会好心地帮助宝宝拉直双腿，可是，宝宝好像并不领这个情，没多久又缩成一团了。

孩子的心声

我好怀念在妈妈肚子里的时光啊！

解读

宝宝在妈妈肚子里就是这样的姿势。这个姿势会让宝宝非常舒服，并且能增强安全感。

妈妈怎么做

对于宝宝这种蜷缩姿势，妈妈不要强行矫正。随着时间的流逝，宝宝会逐渐改变姿势，甚至会有宝宝由蜷缩转变成向后翘。不论怎样，宝宝的每个姿势都是自己的意愿使然。爸爸妈妈大可不必担心，顺其自然即可。另外，爸爸妈妈可以通过抚触宝宝，帮宝宝增强对外界的感受力，还能刺激大脑的发育。

宝宝哭闹叫喊——被打扰了

哭闹叫喊是宝宝学习语言之前最主要的表达方式。尤其是在杂乱的环境里，宝宝更容易因受干扰而哭闹叫喊。

孩子的心声

太吵了，好烦哦！

妈妈怎么做

宝宝具有超强的模仿学习能力，爸爸妈妈的言行举止会让宝宝耳濡目染中模仿，所以爸爸妈妈在宝宝面前一定要注意自己的言行举止，切忌高声吵架、口吐脏字。如果这些无意的举动被宝宝学会了，再想纠正，可就难上千倍了。所以，爸爸妈妈不仅要从物质上关爱宝宝，更要从精神上给宝宝提供一个温暖、健康的环境。

宝宝喜欢撞头——表达兴奋和其他意愿

好好的宝宝怎么突然喜欢用头撞东西？无论硬东西还是软东西，宝宝都喜欢用头去撞。这一举动可吓坏了爸爸妈妈，宝宝这是怎么了？怎么会出现这么恐怖的自虐行为？是不是头痛了？有时候，即使及时抱走宝宝，他依然会寻找别的东西来撞。

孩子的心声

我觉得这是非常好玩的游戏，很开心。

解读

专家对宝宝喜欢撞头有多种解释：第一种解释认为宝宝撞头是想表达自己的意愿，比如在他的需求得不到满足时。第二种解释认为宝宝因为过于兴奋所致。第三种解释认为宝宝在碰撞的过程中，通过疼痛感和声音，来减轻自己对周围环境的恐惧压力。

妈妈怎么做

宝宝是妈妈的心肝，看到宝宝如此“自虐”，妈妈很心疼，担心宝宝会伤到自己。其实妈妈不必过于担心，宝宝这种举动是在他的自控能力范围内的，聪明的宝宝绝不会伤到自己。

宝宝年龄还小，大部分行为都是无意识的。妈妈可采取一定的方式试着转移宝宝的注意力，比如播放优美的音乐、提供有趣的玩具，或者温柔地抚摸宝宝……还有就是让宝宝远离墙壁、地板等较硬的物体。如果宝宝长大一些后，还有撞墙动作，爸爸妈妈也不要着急，因为宝宝的身体发育状况不同，每一个宝宝在成长的路上都会遇到不同的问题，尊重宝宝的意愿，顺其自然最好。

宝宝吮吸手指——口腔敏感期

宝宝最喜欢做的一件事就是吮吸自己的小手，仿佛小手就是一只香喷喷的鸡腿，即便是刚吃完奶，宝宝也会如此。

孩子的心声

我要平静一下激动的情绪。

解读

宝宝吮吸手指是口腔敏感期的一种自我安慰的正常行为。这种行为能满足宝宝精神上的需求，有利于宝宝身心的发育。过了这一时期，吮吸手指的行为自然会慢慢消失，爸爸妈妈不必过于担心，更不要强行矫正宝宝这一行为。

妈妈怎么做

时刻保持宝宝的小手、小脚卫生。口腔敏感期的宝宝不仅爱吮吸小手，甚至还爱吮吸自己的小脚丫。宝宝抱住自己的小脚丫轻而易举地就能送到嘴里，这种高难度动作，真让爸爸妈妈佩服得五体投地。宝宝的这种行为，是他感知自己的身体、感知世界的第一步。妈妈要做的是，随时将宝宝的小手、小脚洗干净，避免宝宝吃入过多的细菌。

坚持母乳喂养。母乳喂养不仅可以使宝宝获得最全面的营养，而且能满足宝宝吮吸的需求。妈妈在喂奶时可以用手轻轻地拍宝宝的身体。

建立温馨和睦的家庭氛围。充满爱的家庭可以在很大程度上减轻宝宝的压力，宝宝会减少吮吸手脚的次数。

切忌违背宝宝意愿强行矫正。没有经验的爸爸妈妈往往会通过呵斥甚至打骂来阻止宝宝的行为，但这样做，只会事与愿违，而且会让宝宝变得恐惧、多疑、胆怯，甚至会影响孩子的一生。

不时吐泡泡——宝宝需要独处

宝宝在自己的基本需求都得到满足的情况下，往往会自得其乐，做出一些娱乐自己的行为，如舔嘴唇、玩玩手，甚至还会做一些让人忍俊不禁的动作，比如小嘴不时地吐泡泡……

孩子的心声

谁也别理我，我要独自玩！

妈妈怎么做

妈妈应该给宝宝独处的时间和空间。

宝宝拽妈妈的头发——发泄不满

可爱的宝宝也会有“使坏”的时候，那肉嘟嘟的小手会在不经意间迅速抓住妈妈的头发，而且一旦抓住就不会轻易松手。那力气似乎瞬间增强了几百倍，揪得妈妈直喊疼。

孩子的心声

我生气了！

解读

拽头发是宝宝发泄不满情绪的一种方式。宝宝想通过这个途径告诉妈妈，此时的他很不开心，需要别人的安慰。如果得不到满足，宝宝会从拽头发中得到缓解郁闷和不适的安慰。不同的宝宝把拽头发也玩出了花样，他们有的抓挠、有的拉拽、有的揉搓……真是苦煞了妈妈。但妈妈不必担心，宝宝一切正常！

妈妈怎么做

妈妈不必担心宝宝的这种行为，只需多给予宝宝爱与关心，缓解宝宝的压力。还要注意别让宝宝的指甲过长，以免划伤自己。

宝宝开心地张开双臂——表达欢迎

看到熟悉的人时，宝宝常常会笑眯眯地张开双臂，身体向前倾，一下子扑向这个人的怀抱，这是宝宝表示欢迎的方式。

孩子的心声

我想让你抱抱我。

妈妈怎么做

任何受到宝宝欢迎的人，都不应该冷落宝宝，应该赶快抱抱宝宝。

扭头或转身——表示拒绝

西西6个月了，陌生人或不喜欢的人想要抱他，他会用转头避开的方式来表达拒绝了。妈妈给西西喂水果，碰到西西不爱吃的，他也会把头扭到一边。真令妈妈吃惊啊！半岁的孩子，嘴上不说，但已经能够用行动表示“我不喜欢”了。

孩子的心声

别抱我，我认生，我讨厌你！

妈妈怎么做

如果宝宝拒绝客人抱，妈妈一定要尊重宝宝的意愿。如果强迫会吓到宝宝。妈妈要先安抚一下宝宝，然后抱着宝宝慢慢接近客人，熟悉客人。等紧张的气氛缓解下来，妈妈再尝试将宝宝送到客人怀中，这样才能避免宝宝因惊吓而突然啼哭。

宝宝情绪突然低落——需要睡觉了

玩闹了一阵的宝宝，突然一下子对玩具失去了兴趣，对爸爸妈妈也爱答不理，眼睛顿时失去了光彩，而且哈欠连连，精神萎靡了许多。这意味着宝宝困了，要睡觉了。

孩子的心声

我要睡觉。

妈妈怎么做

满足宝宝的睡眠要求，让宝宝睡在舒适的环境中。

宝宝乱啃东西——认识自我、探索世界

情形一：

爸爸妈妈都知道，宝宝在长牙期间总是乱啃东西，什么东西都会往嘴里放，口水也到处乱流，弄得手上、脸上、衣服上脏兮兮的，如果阻止宝宝乱啃东西，宝宝还会哭闹不止。

孩子的心声

我的小牙好难受！

解读

妈妈不必担心，宝宝通过乱啃东西，可以用小小的牙齿感知周围世界，因为宝宝需要不断地认识世界。另外，宝宝在长牙的过程中，牙龈会出现又刺痒又痛的感觉，咬东西可以缓解这种不适。这种现象一般会持续到小牙长齐以后，有些宝宝持续的时间甚至更长。

妈妈怎么做

这个时期妈妈要特别注意，一定不要给宝宝玩坚硬易碎、锋利的玩具，如玻璃玩具等。妈妈可以为宝宝准备一些磨牙棒，如磨牙饼干、果条等。另外，妈妈在给宝宝磨牙棒时一定要注意宝宝的小手及磨牙棒的卫生。

情形二：

宝宝乱啃东西，任何东西他都会用嘴咬，如玩具车、手机、布娃娃、被褥等，但对磨牙棒又表现出置之不理的漠然情绪。宝宝把磨牙棒扔在一边，却将其他东西放在嘴里，口水也随之涌出……

孩子的心声

世界真美妙啊，我要用牙齿感知它。

解读

啃咬东西是宝宝认识自我、探索世界的重要过程。瞧，宝宝真是个聪明的小家伙，他啃自己的小手、小脚时，心里就开始琢磨了：“咦！怎么会有痒痒的感觉！”等到宝宝啃咬其他东西的时候，小脑瓜又开始转了：“好奇怪哦！这次为什么没有痒痒的感觉呢？”

慢慢地，宝宝的大脑开始有了自我意识和自信心，逐渐将自我和外界分开来看，并且宝宝在不断探索的过程中逐渐积累了更多的认知经验。

这个时期，宝宝的嘴是他身体最为敏感的部位。宝宝嘴的敏感性要远远胜过仍然掌控不好方向的小手、小脚。宝宝的牙齿就充当了感知外界温度、软硬、味道等的有效工具。随着啃咬过的东西越来越多，小家伙的经验积累就越丰富，小脑瓜也会越聪明。

妈妈怎么做

本来干净的宝宝现在变成了花猫脸，妈妈可不要嫌弃宝宝哦！因为这是宝宝成长过程所要付出的代价。妈妈要更勤快一些，及时给宝宝的手、脸及玩具清洗、消毒，从而减少细菌对宝宝的侵扰。同时，给宝宝的玩具一定要选好，应以无毒、无害、易清理、不会损伤宝宝为原则。宜选固齿胶、无铅塑料玩具等；不宜选带毛的或尖硬的玩具。另外，还要保持家庭环境的卫生。

宝宝对手的控制能力加强后，用嘴啃咬这种现象也会逐渐消失。宝宝会尝试用手来感知世界。

宝宝咬牙发狠——牙齿不舒服

宝宝把小拳头攥得紧紧的，一边咬着牙，一边狠狠地发出“嗯、嗯”的声音，一副要和谁打架的架势。

孩子的心声

妈妈，我的牙龈难受！

解读

咬牙发狠可以减轻宝宝出牙时痒痛难忍的感觉。另外，小家伙可能是在向你炫耀他的小牙齿呢。

妈妈怎么做

这种现象是宝宝长牙时的正常反应，妈妈不必过多担心。

宝宝手舞足蹈——锻炼手脚的好时机

3个月以前的小宝宝仿佛是舞蹈狂热分子，一天到晚小手、小脚总是在不停地挥舞着。然而这“舞蹈”仔细看后似乎并没有什么规律可言，小手、小脚时而左右挥舞，时而向下“咚咚”砸床。再看宝宝，一脸兴奋满足的样子。妈妈不解，却怎么也控制不住“舞蹈”中的小手、小脚。

孩子的心声

我可没生病，我只不过还不能好好控制我的小手、小脚而已。

妈妈怎么做

妈妈要知道，这是宝宝无意识的行为，是宝宝锻炼的良好方式。但需注意两点：

充分解放宝宝的手脚，让其尽情“舞蹈”。给宝宝准备一些宽松的衣服，切忌将宝宝裹得紧紧的。如果温度条件合适，可以让宝宝光着小屁屁，更自由、更充分地运动。

多给宝宝一些刺激，让宝宝多运动。比如，给宝宝听听胎教时的音乐，摸摸宝宝的小脚丫。适当的刺激可增进宝宝神经系统发育，增大脑部神经细胞的面积，从而促进宝宝大脑的发育。

宝宝总要妈妈抱——需要爱抚

8个月大的亮亮白天睡觉非常好，很乖，也不怎么哭闹，可一旦到了晚上就不安生了。妈妈不抱着，小家伙是绝对不会睡的，总是哭闹不止。好不容易将他哄睡着，疲惫的妈妈想将他放在床上，可无论如何小心翼翼，小家伙总能被惊醒，然后哭闹不止，直到妈妈再次将他抱在怀里，他才肯罢休，悄然睡去。妈妈确认亮亮不是因为饥饿、寒冷、怕黑等因素哭闹，可这又是为什么呢？

孩子的心声

只有在妈妈的怀里，我才睡得踏实。

妈妈怎么做

增进和宝宝的感情交流。宝宝对妈妈的声音尤其依赖，在嘈杂的声音中，宝宝能轻易辨别出妈妈的声音。妈妈要经常和宝宝交流，多鼓励宝宝。

排除宝宝有其他需求。如果宝宝是因为冷热、饥饿、便便等原因哭闹，妈妈要尽快解决。如果不是，妈妈就要尽量满足宝宝的情感需求。建议妈妈和其他家人轮流抱宝宝，这样有利于宝宝身心发展。

增加与宝宝的肢体接触。多抚摸宝宝的身体，多抱抱宝宝。比如，可以定期给宝宝做一些全身按摩。（注意：做按摩时在宝宝皮肤上涂一些儿童专用的润肤露或润肤油，以免伤到宝宝。）平时面对宝宝时，妈妈要微笑着和宝宝交流。爸爸妈妈平时也要多摸摸宝宝的小手、小脚，增强宝宝与人互动的本领。

此外，在宝宝睡眠时，可以给他听些舒缓的安眠曲。

宝宝突然惊跳——受到惊吓了

刚出生不久的宝宝很容易受到惊吓。受到惊吓时，宝宝会突然抽搐一下，然后放开喉咙大哭起来。有时，就连妈妈一个盖被动作都会吓到宝宝，这可让妈妈犯了愁。

孩子的心声

我被突如其来的声响或变动吓到了。

解读

宝宝的可爱睡姿经常会引来爸爸妈妈、爷爷奶奶的观看，时不时地，妈妈给重新盖盖被子、奶奶给翻翻身、爸爸亲亲小脸……可是家人发现即便这些动作很轻微还是会惊吓到睡梦中的宝宝。这是为什么呢？

宝宝之所以会出现因过度受惊引起上下肢同时收缩性痉挛的现象，是因为宝宝的神经系统发育尚未完善。由于神经髓鞘还未完全形成，作用于神经末梢的外界刺激传入大脑时，就会波及邻近的神经纤维，造成兴奋灶形成不明确，神经髓鞘的慢传递导致了宝宝的惊吓与啼哭。因此，爸爸妈妈不必大惊小怪。

妈妈怎么做

妈妈应当多安抚宝宝，稳定宝宝的情绪；给宝宝营造安静的睡眠环境，不要在宝宝睡觉的房间看电视或者大声说话，不要将电话机放在宝宝周围。可以播放音量适当的胎教音乐以掩盖一些小的、突发的声音。

宝宝热衷撕纸张——锻炼手脑协调

从6个月左右起，若琳就很喜欢撕纸，抓起一本书就开始撕，撕完了还很高兴，乐此不疲。很快，她的周围就堆积了一座座“纸条山”。如果不让她撕纸，她就会很生气，甚至哭起来。如果给她纸张，她立刻破涕为笑，双手接过后又开始行动了。她专注得好像做什么大事一样，什么也阻止不了她撕纸的热情。这让爸爸妈妈很无奈，宝宝是不是有强烈的破坏欲望，这样下去可怎么得了？

孩子的心声

撕纸超级好玩！我喜欢靠自己一个人完成这个游戏。

解读

撕纸对于宝宝来说是一项非常有意思的游戏，并不是宝宝有破坏欲望。殊不知，撕纸还能给宝宝带来很多益处呢。

自从出生以来，宝宝就像一个玩偶被大人“摆弄”着，吃喝拉撒都要爸爸妈妈帮忙，宝宝早已不喜欢这种生活了。当宝宝发现撕纸是一项他能独立完成的任务时，顿时增强了自信和成就感。

宝宝可以通过撕纸，锻炼手脑的协调能力，小手也会变得灵活起来。

通过和纸张的接触，宝宝会逐渐对纸有一个认知的过程。宝宝的头脑会储存对所接触纸张的记忆，在以后的生活中宝宝会对这种纸张格外关注。

妈妈怎么做

面对宝宝的好奇心，妈妈要尽量满足宝宝，给宝宝提供合适的条件和机会，让宝宝按照自己的兴趣去探索。但是在提供纸张的时候，妈妈一定要注意，应该给宝宝提供一些柔软好撕、没有锋利边缘的纸张，一则避免纸张太硬导致宝宝失去耐心，二则避免伤到宝宝。另外，纸张一定不要伤害宝宝的健康，忌用卫生纸、含铅含墨、变质霉烂的纸张。为了激发宝宝兴趣，可以使用色彩丰富的纸张。

同时，要告诉宝宝撕纸游戏的规则，哪些纸是可以撕的，哪些不能撕，并把可以撕的纸张或书本放在一个玩具箱里，而不可以撕的书都要整齐地码放在书架上，让宝宝知道有的书是需要我们珍惜爱护的。如果宝宝大一些，妈妈还可以和宝宝一起，帮助他如何把撕坏的书重新粘贴拼补起来，宝宝面对自己一手制造的碎片又重新恢复原貌，一定会更加惊奇。此外，妈妈还可以教给宝宝简单的折纸和粘贴纸张的游戏，进一步锻炼宝宝的动手能力。

宝宝乱扔东西——对投掷东西产生兴趣

妈妈发现，9个月大的慧慧不知什么时候开始爱乱扔东西了。她的小手抓住任何东西都会用力扔出去，扔完了还哈哈大笑，乐此不疲。有一次，慧慧甚至把爸爸新买的手机扔进了脸盆，爸爸气得七窍生烟，却对这个调皮的女儿无可奈何。

孩子的心声

我能让它“飞”出去，还发出了响声，瞧我多棒啊！

解读

妈妈对宝宝乱扔东西的行为不要感到无奈，其实宝宝从中获益多多呢。宝宝在不断扔东西的过程中，通过不同物体所发出的不同声音，会建立起对不同物体的不同认识。另外，这个投掷运动还可以锻炼宝宝的臂力，并促进手臂肌肉的发育。

妈妈怎么做

妈妈可以对宝宝的投掷进行方向性训练。比如，在宝宝对面不远处放置一个能引起宝宝注意的筐，让宝宝往筐里投，宝宝投中后妈妈要给予一定奖励。这样做可以一并锻炼宝宝的协调能力。投掷玩具，宜选一些柔软、有弹性的，以降低破坏力。

宝宝不住地摇头晃脑——学习控制头部

宝宝突然喜欢不停地摇晃自己的小脑瓜，一天当中除了睡觉，其余大部分时间他都将头左摇右晃的。宝宝是缺钙了，还是脑部出问题了？妈妈真是着急啊！

孩子的心声

原来改变看东西的角度，会有很大不同哦！

解读

宝宝摇晃小脑瓜会有不同姿势，如果仅仅是有意无意地摇晃脑袋，则说明宝宝是健康的，他只是在选择从不同的角度观看事物。但要注意的是，有些宝宝晃头、蹭头是有原因的，比如宝宝头上长了湿疹、痱子或因为清洗不及时出现头垢，在痒得难受时摇一摇、蹭一蹭能让自己舒服很多。如果宝宝在被褥上磨蹭头部，则说明他想要睡觉了。

妈妈怎么做

宝宝摇头是出于好奇和求知，妈妈应该满足宝宝这一需求。如果条件允许，妈妈可以给宝宝创造不同的新环境，满足宝宝的新奇感。随着时间推移，当宝宝能很好地控制自己的小手时，就会用手来触摸感知事物，摇头现象便会随之消失。如果宝宝摇头不是这些原因造成的，妈妈则要小心了，要仔细观察宝宝的头部是不是生湿疹或者刺痒了。如果实在查不出原因，则应及时去医院检查。

第三节

宝宝猜不透的小心思

“我害怕，不要这样”——不要高高抛起宝宝

强悍的爸爸带宝宝时常忍不住做一些惊险动作，如抱起宝宝向空中抛然后再接住，让宝宝“坐飞机”，此时的宝宝惊声尖叫着，发出“咯咯咯”的笑声，再看宝宝的小脸却很不自然。

孩子的心声

我好怕，你会摔着我的，快停下来！

妈妈怎么做

爸爸会以为宝宝喜欢这种“空中飞人”的冒险刺激，所以一厢情愿地这么做。殊不知，宝宝僵硬挺直的身体和变了味的笑是一种恐惧的表达。宝宝正在承受着恐惧的折磨，快快停下来吧。其实宝宝喜欢的是温柔的接触。爸爸妈妈可以轻轻地托起宝宝，让宝宝双脚着地慢慢地迈步，或者扶宝宝坐起后拉着宝宝的小手轻轻施力，让宝宝舒服地前后晃动……你会发现宝宝这时的微笑才是发自内心的。

“妈妈，快快保护我”——宝宝怕狗

妈妈推着7个月大的露露外出晒太阳，小区里的狗狗们突然吠叫起来，妈妈并未在意，婴儿车里的露露却哇哇大哭起来，挣扎着就要往车外爬，差点弄倒了婴儿车。

孩子的心声

妈妈，狗狗好可怕，快抱我！

解读

宝宝为什么会怕狗狗呢？这要追溯到宝宝乱咬东西开始感知自己的牙齿的时候。宝宝从认识自己的牙齿到认识动物的牙齿，因此看到狗狗龇牙咧嘴必然产生恐惧。小家伙头脑中呈现出了一幅恐怖画面：小狗敏捷地冲上婴儿车，来咬自己……此时不逃命，更待何时？于是便出现了露露想爬出婴儿车的一幕。

妈妈怎么做

为了不再让宝宝害怕，妈妈平时可以教宝宝认识这些可爱的小动物，并告知宝宝它们是人类的朋友，不会伤害他。妈妈还可以试着让宝宝慢慢接近这些小动物，让宝宝喜欢上它们，这样他就不会再恐惧了。

“我不想洗澡”——宝宝怕水

宝宝看到浴盆里面的旋涡时会扭身躲开，一边像抓住救命稻草一样紧紧抓住妈妈的衣服，一边大声啼哭。

孩子的心声

不，别把我放下去！我不想掉下去，不想被冲走。

妈妈怎么做

很多1岁以内的宝宝都惧怕洗澡，一洗澡就大哭不止。可是不洗又不成，宝宝的小屁屁几天不洗就会有股难闻的味道，宝宝也难受。为了缓解宝宝的恐惧情绪，妈妈可以做一些洗澡前的准备。宝宝怕水是因为觉得水很深。针对这一情况，首先妈妈要注意，水不要太深，可以慢慢加水。其次，可以将宝宝的注意力从水上转移开，在水上放几个宝宝平时最喜欢的玩具，让宝宝玩耍。再次，妈妈不要一下子将宝宝放入水中，要慢慢地让宝宝的小脚丫先接触水，等宝宝觉得安全后再将宝宝放入。最后，调整宝宝能接受的最适合的水温。

“不要放在那里”——宝宝的秩序感

妈妈可能会遇到这样的情况，宝宝看到妈妈在某处放了某样东西时，会立即情绪失控，并指着这件东西说个不停。妈妈拿过这件东西递给宝宝时，宝宝依然“依依哦哦”满脸通红地指着这件东西，却不接过去，弄得妈妈一头雾水。

孩子的心声

不对！它不是放在那里的。

解读

宝宝先天就有独特的秩序感，这是宝宝的哲学。在宝宝的这一哲学里，周围的事物应该是比例对称、均衡，有节奏的。所以当宝宝发现周遭事物杂乱无章时，就会感到不舒服甚至恐惧。这种秩序感实际上是一种安全感的强烈需求。随着宝宝年龄的增长，这种安全感会逐渐转变为归属感。

研究表明，3~4岁的宝宝一般都会有强烈的秩序感，6岁后宝宝能和谐自如地处理与人、与环境的关系。所以爸爸妈妈不仅要培养宝宝的秩序感，也要以身作则，做一个有条理、有秩序的人。

妈妈怎么做

爸爸妈妈从自身做起，养成良好的生活习惯。好的习惯从好的行为开始，爸爸妈妈做事要有条理。比如吃饭、睡眠、读书都要有一定规律，如果爸爸妈妈做事很随意，没有丝毫计划，那宝宝也会养成不良的习惯。

家庭环境须整洁有序。家里的物品放置要整齐，物品使用后要归到原处，不能乱扔。比如起床后被褥要叠放整齐，如果被褥一直乱糟糟的，宝宝也会把被褥弄乱；如果被褥叠放很整齐，那宝宝也会喜欢将被褥叠整齐。再比如吃饭，宝宝喜欢家人和谐的吃饭氛围，大家坐在一起吃饭，小家伙也会情不自禁地加入进来；如果吃饭时有人边看电视边吃，有人在厨房里吃，那么久而久之宝宝也会养成懒散的吃饭习惯，长大后他会不习惯规规矩矩坐在饭桌前吃饭。总之，宝宝耳濡目染，学到家庭成员的各种习惯。可见良好的习惯对宝宝秩序感的形成非常重要。

要尽量满足宝宝的秩序感。当宝宝要求改进时，妈妈一定要读懂宝宝的心声，尽快调整，给宝宝营造一个井井有条的秩序环境。

“不给，这是属于我的”——宝宝的物权意识

当别人想碰宝宝的玩具时，他要么会奋力阻挡，怒目圆睁；要么会伸出手去推倒试图抢玩具的其他宝宝。

有一天，妈妈突然发现宝宝怎么越大越不懂事了，一下子变得“吝啬”起来。宝宝对自己的所有玩具，都看得特别紧，不再和别人一起分享了，对待“来犯者”，宝宝会紧紧抱住自己的玩具，怒目而视，仿佛在说：“不许动，这是我的！”

其实，宝宝在此之前的分享行动都是无意识的。宝宝看到自己的玩具被拿走也不发怒，那是因为他还分不清我的、你的。而处在学步期的宝宝，自我意识已经开始萌芽，开始清楚“我”和“你”的区别。等2岁半以后，宝宝的分享意识会开始建立。

孩子的心声

谁也不许抢，这是我的！

妈妈怎么做

平时，妈妈可以有意识地引导孩子学会分享，比如和孩子一起做游戏，共同玩玩具等，让宝宝体会与人合作的愉快。

“我才不想当裸体娇娃”——怕冷的宝宝

很多妈妈都会遇到这种情况，宝宝在换衣服时总会大哭大闹，有时竟紧攥小拳头，挺直身子，直到哭背过气去，仿佛受了莫大委屈。

出生不久的宝宝最怕光屁屁了，还怕换衣服时妈妈拉扯自己的身体。因为此时宝宝还很脆弱，尤其是体温调节系统尚未发育完全。当被脱光时，体温会迅速下降，宝宝会很难受，所以可怜的宝宝只能以大哭来反抗了。

孩子的心声

我不要脱光光，我不要露屁屁！

妈妈怎么做

妈妈在给宝宝换衣服时，一定要提前准备好保暖的被褥，还要注意室内的温度不能过低。妈妈可以适度安抚宝宝，轻声呼唤宝宝的名字，或哼着宝宝喜欢听的歌谣来转移宝宝的注意力。还可以用宝宝喜欢的玩具逗弄宝宝，让宝宝慢慢放松。

“我是你的最爱，不许关注别人”——不想跟人分享妈妈的爱

宝宝看到妈妈逗弄别的宝宝，或者和别人没完没了地说话时，就会涨红着脸使劲张着小嘴“嗯啊”个不停，还会紧紧抓着妈妈的衣襟流露出很不耐烦的样子。

解读

哺乳期的妈妈几乎与宝宝形影不离，宝宝对妈妈的依赖感也会随着自我意识的形成而逐渐加强。宝宝已经习惯于妈妈将注意力倾注在自己的身上，当妈妈被另外一个宝宝或一件事情吸引，注意力从他身上转移开时，宝宝就会觉得受了冷落，他会以不耐烦的尖叫甚至哭闹来抗议。

孩子的心声

妈妈，我要你关注我，不许你喜欢别人。

妈妈怎么做

妈妈在转移注意力时一定要注意宝宝的感受，让宝宝和自己一起与别的宝宝接触，或者用玩具将宝宝的注意力从妈妈身上转移开。

“不要碰那个发声的怪东西”——宝宝的恐惧感

宝宝遇到突发的声响如吸尘器、爆竹的声音会大叫或出现惊跳现象，身体猛地一下绷直，四肢上举并发生短暂抖动。

解读

1岁的宝宝，随着神经系统发育的逐渐成熟，会对声音越来越敏感。有的妈妈还会疑惑：宝宝怎么越来越胆小呢？其实，宝宝一直处在一个相对安静的环境中，当安静的环境被刺耳的噪声突然打破，宝宝就会受到惊吓。

孩子的心声

你吓着我了，这发出怪响的东西是什么？

妈妈怎么做

妈妈可以试着轻声细语安慰宝宝，或者在打开电视等家用电器时尽量调小声音，稍大点儿的宝宝，妈妈可以教他逐渐认识这些事物。

第二章

进入“可怕”的2岁：

读懂宝宝的行为

> 宝宝已经有了自我意识 >>

宝宝已经有了自我意识，他们开始产生各种强烈的渴望，喜欢挑战，带着好奇心做自己感兴趣的事情。妈妈不必为宝宝的性情转变而苦恼，要尽量满足宝宝的探索欲望，给宝宝适当的引导，告知他什么该做，什么不该做，扩大宝宝接触事物的空间。

第一节

接纳乖宝宝变得叛逆

总是说“不”——开始有自主意识

宝宝有了自主意识后开始说“不”了，“不要打针”“不要洗澡”“不要吃饭”“不要爸爸”……总之，不符合他意愿的事都说“不”。

孩子的心声

我的事我要自己做主。

解读

其实宝宝在很小的时候就有自己的主观意愿，即便是在妈妈的肚子里，当听到外界的噪声时，宝宝会不安地在妈妈的肚子里动来动去，以此表达自己的不满。而1岁以后，随着年龄的增大宝宝表达意愿的方式也逐渐清晰起来，由不会说话时的扭身、推手动作，到会说话时的“我不要”，有了更强的表达愿望。他已经能够明白自己想要什么，所以就会坚持自己的主张。但是他们想要做的事情，往往就是拉桌布、开抽屉、自己接水喝等大人看起来他们不能做或不应该做的事情，当他们明确的愿望遭到干涉或被制止的时候，宝宝就会抗议。所以说，宝宝说的“不”往往是跟着大人说的“不”连带而来的。

妈妈怎么做

读懂宝宝内心的真正需求。宝宝说“不”可能会有很多原因，也会有多重含义。例如，2岁的洛洛正在玩耍，爸爸过来要抱他。洛洛挣扎着说：“我不要爸爸抱！”这其中可能会有几种意思：洛洛只想妈妈抱；洛洛正在玩耍呢，爸爸等会儿再来抱；爸爸的胡须好扎人……所以妈妈要及时了解宝宝的意图，不要强迫宝宝。

要说到做到，不能出尔反尔。对于宝宝的做法是持肯定还是否定的态度，爸爸妈妈要前后一致，态度明确，否则宝宝会无所适从。宝宝会以为妈妈不允许做的事情原来可以做。比如，宝宝饭前一定要洗手才能吃饭，这个要求一定要坚持到底，不能宝宝一哭闹父母就又改变要求了。这样宝宝会养成一不满足就哭闹的坏习惯。

有些非原则的事情，有时候可能会做不到态度明确如一，这就要灵活对待。如妈妈不允许宝宝吃糖，可过年过节，喜庆日子，糖果遍地都是，宝宝免不了要吃上几颗。这个时候，妈妈可以为宝宝准备少量低糖、纯牛奶的糖来满足宝宝，将其他糖果藏起来。平时则要坚持少给或不给宝宝吃糖。

多引导宝宝。宝宝现在的理解能力已经非常强，妈妈平时要教会宝宝什么事情该做，什么事情不该做，并和宝宝适当约法三章，小家伙会逐渐形成正确的行为习惯。

尊重宝宝意愿。如果宝宝确实是说“不”，那就不要勉强宝宝，但妈妈可以拿其他条件适当吸引宝宝。比如宝宝不愿意睡觉，妈妈可以说：“睡觉时，宝宝想听《好饿的毛毛虫》呢，还是听《米菲在海边》呢？”这样宝宝很可能就会被吸引。

“我要自己来”——既独立又依赖

宝宝开始具有独立的自我意识了，他开始为自己能够做一些事情而兴奋不已，妈妈带宝宝出去买菜时，宝宝非要争着提篮子，看宝宝提着和自己差不多高的篮子步履蹒跚时，妈妈一时心疼赶忙抢过篮子，谁料宝宝大哭起来，小手还不断捶打着妈妈。宝宝居然不领情，妈妈赶紧把菜篮子还给宝宝，可宝宝还是不依不饶。妈妈不管宝宝，装作离开，宝宝更是大哭不止。

孩子的心声

我要自己来，妈妈你在一旁看着，不许走!

解读

对于2岁的宝宝来说，这个新奇的世界简直太有魅力了，他们急于去探索、去发现，此时他们的信心也逐渐增强起来。其实宝宝的自信多半建立在有爸爸妈妈保护的前提下，小家伙心里明白自己做砸了有爸爸妈妈呢。但是爸爸妈妈要是理解成宝宝是想让你们帮忙做每一件事，那就大错特错了。

宝宝实践的权利是不容剥夺的，小家伙绝不允许别人破坏了他做事的“雅兴”。但宝宝需要爸爸妈妈时刻在一旁，这样他就会更加勇敢了。

妈妈怎么做

面对这种情况，妈妈学会以下几点，在今后教育宝宝时就会驾轻就熟了。

创建安全、宽松的环境，让宝宝大展拳脚。妈妈可以在家里经常准备些新奇的小玩具，既能满足宝宝的好奇心，又增加了宝宝的阅历。同时，妈妈要注意排除宝宝探索实践时的不安全因素。

不怕麻烦，让宝宝尝试。宝宝争着要做一些事情，比如妈妈正用抹布擦地板，宝宝争着也要做，小家伙东一下，西一下，地板整个都花了，不如不擦。这时，妈妈不要阻止宝宝，一定要鼓励宝宝多点儿耐心。

帮助宝宝完成任务。对于宝宝难以完成的任务，妈妈要给宝宝一些帮助，要不小家伙脆弱的自尊心很容易受到打击。比如宝宝擦过地板后，妈妈紧跟着擦完，然后让宝宝独享成绩。这样小家伙下次做家务就会越发起劲。

将宝宝的注意力转移到其他事物上。宝宝还小，很容易因其他事物而转移注意力，如果妈妈觉得某件事情对于宝宝来说实在无益，可用宝宝感兴趣的玩具或者事物转移宝宝的注意力。

多鼓励宝宝。增强宝宝自信心的最有效方式莫过于妈妈的拥抱。当宝宝受到挫折时，妈妈的拥抱是抚慰创伤的一剂良药；当宝宝完成任务时，拥抱则是激发宝宝自信心的催化剂。所以，妈妈要多给宝宝爱的拥抱，宝宝才会变得更加独立。

“我不想玩沙子”——突然变得胆小害怕

大多数孩子都是喜欢玩沙土的，1岁以前的畅畅也经常出门玩，可现在1岁4个月了，好像反而变得胆小了，很怕站在沙土里面。如果妈妈把他放进沙滩里，他就抱住妈妈的脖子不放，以至于后来到了沙滩旁边，妈妈一给他脱鞋，他就开始哭。

孩子的心声

我害怕，沙子会钻到我脚里去的。

解读

宝宝突然怕黑、怕汽车、怕洗衣机的轰鸣声、怕小狗狗，即便原本很喜欢的沙堆也开始怕了，甚至一些微不足道的事情宝宝也会怕。对于宝宝表现出的“懦弱”，爸爸妈妈不免会心生埋怨。其实这是宝宝成长过程中的正常现象。宝宝刚开始认识世界，很多事物对于他们来说都是陌生的，宝宝不知道这些奇形怪状的东西会不会对自己有威胁，所以自然会产生惧怕心理。

针对宝宝这一心理，妈妈要多和宝宝沟通交流，鼓励他去探索未知的世界。比如针对宝宝害怕汽车，妈妈可抱着宝宝让他用小手触摸一下，再坐一坐，告诉宝宝汽车很安全，消除宝宝的恐惧心理。这个时期的宝宝求知欲也非常强烈，他们什么都会摸，妈妈一定要注意将有危险的东西放到宝宝接触的范围之外，以免伤到宝宝。比如，对宝宝来说，电源插座一点儿都不可怕，“不就是两个小孔吗？多像爸爸的鼻孔啊，摸摸怕什么呢？掏一掏，看一看里面有什么？可为什么就不让我动呢？”碰到这种情况，爸爸妈妈可以尝试用编故事的方式告诉孩子什么东西不能摸，如果摸了会怎么样。当看到宝宝试图把手指头伸进电源插座时，爸爸妈妈焦急的心情可以理解，但绝对不能强硬地拉扯并责骂宝宝，那样更容易激发宝宝的好奇心。

妈妈怎么做

对于宝宝惧怕的事物，妈妈可以采取循序渐进的逐步接触法。比如宝宝怕水，妈妈可以将少量的清水放到一个漂亮的小盒子里，让宝宝去触摸，告知宝宝水是可爱、美好和安全的。然后再让宝宝看更多一些的水，告知宝宝积少成多的道理。这样宝宝就会逐渐认识、接受，并消除恐惧。

教宝宝认知并表达感受。让宝宝体会不同的事物带给他的感受，教会宝宝什么是冷、热、刺痛、痒等感觉。妈妈可以在宝宝面前亲身体验，告诉宝宝感觉，并告知宝宝没有危险。

强化宝宝自尊心。要知道，好孩子是夸出来的。所以一定要多鼓励宝宝，“宝宝真乖，宝宝真棒”！鼓励宝宝克服恐惧。

培养宝宝外向型性格。俗话讲得好，见多不怪。让宝宝多接触人和事物，宝宝了解得多了，自然就不会轻易恐惧了。

尊重宝宝的意愿。有些宝宝比较胆小，妈妈不能强硬转变宝宝，应让宝宝与惧怕事物之间的距离慢慢缩短，逐步加深接触。要有更多的耐心等待宝宝转变。

用手抓饭吃——宝宝的好奇心和探索欲

很多爸爸妈妈发现，宝宝学会吃饭后，会争着抢着和家人坐在饭桌前吃饭。可是让爸爸妈妈头疼的是，宝宝从来不愿意用勺子，而是用手直接抓着吃，样子就像未开化的“野蛮”人，那张小脸也成了花猫脸，浑身上下、满桌子都会被他“糟蹋”得一片狼藉。妈妈想帮忙喂饭时，宝宝就会大哭大闹，而且还会变本加厉，这可急坏了家里的人！

孩子的心声

我要尝试，我能做到！

解读

2岁的宝宝有极强的好奇心和探索欲望，而且他们的学习能力也是让人难以想象的。宝宝急欲像大人一样行事，无奈心有余而力不足，于是出现了很多滑稽可笑的行为。比如上文说的吃饭那一幕。当爸爸妈妈不理解自己，自己的愿望又没有达成时，可怜的宝宝只能以哭闹来发泄了。

此时宝宝正处在热衷于实践探索的成长时期，妈妈不要急于出手帮忙，也不要阻止，而是应该多多鼓励宝宝，并引导宝宝学习正确的动作，帮助宝宝实现自己的心愿。等宝宝稍大些后就会逐渐学会使用餐具、正常吃饭了。

妈妈怎么做

妈妈只需稍作准备即可。准备好健康无污染的防摔餐具，餐具里的饭菜不要盛满，以汤少、块小为宜，尽量避免盛汤汁或者长的菜叶，汤汁容易在宝宝手抓的时候溅到宝宝眼睛里，长的菜叶会使宝宝吃得费力又容易被哽住。刚出锅的热菜尽量远离宝宝，防止烫伤宝宝。给宝宝穿上罩衣，这可以让宝宝最大限度地保持干净；另外，在餐椅的周围铺上报纸，这样可以减轻餐后打扫地板的工作量。

帮助宝宝完成实践需求。妈妈要巧妙地帮助宝宝。比如给宝宝小碗里盛些块小容易用勺舀起的菜，量要少，让宝宝很容易就吃完，这样宝宝就会增强信心。另外，妈妈可以再盛一份饭，在宝宝兴奋的空当，喂给宝宝，帮宝宝填饱肚子。

适时让宝宝退场。宝宝要求同家人一起吃饭无非是一时兴起，刚坐上饭桌不久，小家伙便发现事情并不像他想象得那样有趣，为了寻求新的兴趣，小家伙开始使"坏主意"了。瞧，宝宝挥舞着勺子将碗里的饭菜全都撒到桌子上，还会用手抓起一把饭，往爸爸妈妈嘴里送，不一会儿，一片狼藉。这个时候宝宝已经没有了吃饭的兴趣，应该及时抱开宝宝，否则一家人就会被搅得无法吃饭。

摔一跤就哭鼻子——宝宝需要安慰

1岁3个月的小智一开始对摔跤抱着一副无所谓的态度，别人都说宝宝很坚强，摔倒了自己能爬起来继续走。可是不知道从什么时候开始，小智一摔跤就大哭不已，而且非得抱起来爱抚他一番，他才肯罢休。妈妈很疑惑，为什么小智越大越娇气呢？

孩子的心声

我需要安慰，才能更坚强。

解读

东西方父母在宝宝摔倒后会做出完全不同的表现。中国的爸爸妈妈视宝宝为掌中宝，当宝宝摔倒后哇哇大哭时，妈妈会赶紧跑过去扶起宝宝，不停安慰宝宝，却发现宝宝哭得越发厉害；而西方父母的教育方式则侧重培养宝宝的独立性，宝宝摔倒时，一般会置之不理，任其自己爬起，却发现宝宝并不怎么哭。

家长不同的反应造就了宝宝摔倒后的不同表现，如果宝宝摔倒后，妈妈表现出过于紧张的情绪，会让本来不怎么疼的宝宝也紧张起来，以为这是一件非常严重的事情，以后会更加害怕摔跤。如果妈妈对宝宝摔跤后置之不理，宝宝会很难过，觉得妈妈不爱自己了，性格会变得冷漠。所以这两种处理方式都是不可取的。

合理的处理方式，应该在宝宝摔倒时妈妈不要过于紧张，先用语言安慰宝宝：“宝宝真勇敢，宝宝不怕，宝宝能自己起来！”宝宝会被妈妈的鼓励激发出勇气，挣扎着站起来，这个时候妈妈要赶紧过去，替宝宝拍拍身上的尘土，亲亲宝宝的小脸，夸宝宝是勇敢的孩子。这样宝宝以后再摔倒时就会想起妈妈的话，自己站起来。

妈妈怎么做

宝宝摔跤后大哭无外乎两种情况。一种是真摔疼了，另一种则是没事，只是试探妈妈是不是在关注自己。因此，在宝宝摔倒时妈妈要偷偷观察宝宝的举止，如果宝宝没有摔疼，见你也没有看到时，宝宝自觉没趣就会自己起来。但宝宝也有真正摔疼的时候，有时甚至会磕破流血，这时妈妈就不能装作没看见了，要过去一边鼓励宝宝要坚强，一边亲亲宝宝：“瞧，妈妈亲一下就不疼了，疼痛不见了！”安抚好宝宝的情绪后，如果宝宝磕破出血了，妈妈要及时处理宝宝的伤口。

不再热情好客——宝宝的人际交往问题

以前热情好客、人缘极好的宝宝，怎么突然见谁都不理了呢？平时小嘴不停叫着“爷爷”“奶奶”“姐姐”“哥哥”，怎么突然不爱叫人了？宝宝是心情不好，还是受欺负了？怎么变得没礼貌了？

孩子的心声

我不是没礼貌，每次碰见那么多叔叔阿姨、爷爷奶奶都要喊，我都没法好好玩了。

解读

宝宝的情绪特别容易受到周围环境的影响，宝宝突然变得不理人，原因可能会有很多。比如，宝宝的心情烦躁，困了；宝宝遇到不喜欢的人了；宝宝不愿意说话时，遇到熟人，妈妈逼迫宝宝叫人，宝宝产生逆反心理，索性对谁都不说话了；宝宝曾经某次没打招呼，妈妈批评宝宝没有礼貌，宝宝产生了心理压力，更不愿意打招呼了……

遇到宝宝不理人的情况，妈妈要认真观察，不要轻易下结论。宝宝遇到喜欢的小朋友，会不会和小朋友一起玩耍？家里来客人了，宝宝是不是和客人熟悉以后就会和客人玩在一起？宝宝在陌生的地方看到新奇的事物，会不会对新奇事物兴奋地“嗯啊”叫起来？如果是这样，宝宝不存在与人沟通的障碍，可能是宝宝在与人沟通时产生过恐惧心理所致，稍加引导就会改善。反之，宝宝可能心理上存在着一定的障碍，妈妈最好带宝宝就医检查。

妈妈怎么做

对宝宝进行指导。妈妈可以通过一些图片或者图书上的人物角色和乖孩子形象，对宝宝进行教育。教给宝宝叔叔、阿姨、哥哥、姐姐、爷爷、奶奶这些人的形象特征，鼓励宝宝在生活中演练，如果宝宝做得正确，妈妈要适时地夸奖宝宝是个聪明的孩子。

维护宝宝的自尊心，不要轻易批评宝宝。别看宝宝小，也有自己的自尊心。当妈妈在别人面前说宝宝“认生”“害羞”、不懂礼貌时，殊不知这已经为宝宝不爱理人埋下了“祸根”。宝宝的自尊心已经受伤了，他对打招呼开始变得不自信，甚至会恐惧。

顺其自然，不勉强宝宝。当宝宝不愿意叫人时，妈妈绝不能勉强，不能批评宝宝。要懂得身教重于言教之理，自己先做一个热情礼貌、善于和人打招呼的妈妈。妈妈不要太在意宝宝不打招呼，只需用自己的行为影响宝宝。妈妈还可以让宝宝多和有礼貌的宝宝在一起，鼓励宝宝做得比别人更好。宝宝会在良好环境的影响下，逐渐改变自己。

给宝宝时间做好心理准备。宝宝遇到外人不爱讲话，多半是宝宝觉得事情来得太突然，觉得有些恐惧所致。在外出前妈妈可以事先和宝宝说好，如：“妈妈带你去晒太阳喽，邻居王阿姨、李叔叔，还有玉玉姐姐都会去，我们在路上会遇到他们哦！”事先告知会让宝宝有心理准备，见到人时就不会过于拘谨。

不要占用宝宝玩耍的时间。妈妈在遇到熟人时，免不了唠些家常，无意间会耽误宝宝的玩耍时间。宝宝对此会很不满，他会表现得很烦躁，以后便不会喜欢和人打招呼了。因为在宝宝看来，和人打招呼对于自己而言毫无好处，反而会耽误玩耍的时间，以后索性就不会和人打招呼了。

第二节

自我意识萌芽期到来

随着自我意识的加强，宝宝发现自己原来能够做如此多的事情，“原来世界这么奇妙啊”！这些令宝宝其乐无穷的行为，却让爸爸妈妈苦不堪言。

黏人——宝宝的分离焦虑

很多2岁的宝宝都会有那么一个阶段，成了妈妈的小跟屁虫，整天黏在妈妈的怀里，片刻不能离开。妈妈到哪儿宝宝就要跟到哪儿，连妈妈上厕所都要跟着。妈妈累坏了，爸爸见状赶来救场说：“来，爸爸抱！”小家伙理都不理，爸爸埋怨宝宝：“小没良心的，爸爸怎么疼你来着，你都忘了？”宝宝哪里听得进去，见不到妈妈就会哭闹，仿佛再也见不到妈妈一般。

孩子的心声

我好爱妈妈，片刻都离不开，我怕失去妈妈。

解读

一般来说，宝宝的分离焦虑在6～8个月时出现，通常在1～1岁半时会比较严重，这与宝宝的表达能力增强、探索范围扩大、分离机会增加、人际交往接触增多有关。焦虑的宝宝通常会出现郁闷、紧张、恐惧、沮丧等情绪，在行为上常表现为黏人、爱哭闹、执拗倔强。

宝宝为什么会产生分离焦虑呢？研究表明，随着宝宝自主意识的增强，宝宝自主活动的范围就会扩大，但宝宝需要妈妈随时撑起一把保护伞在旁边，这样自己会更自信。好奇心的加重让宝宝对探索一方面义无反顾，一方面对未知又有胆怯。如果经常拒绝宝宝的需求，宝宝会变得孤僻，做事缺乏主动，不爱说话。所以妈妈一定要认真对待宝宝的需求，在尽量满足宝宝需求的同时，还要多鼓励宝宝。

妈妈怎么做

对宝宝多一些耐心，满足宝宝的需要。宝宝的需求被满足时，虽然会变得更加黏人，但是宝宝会消除焦虑，变得更加自信。妈妈要逐渐锻炼宝宝，让宝宝知道妈妈的离开只是暂时的，宝宝会逐渐意识到自己独自面对这一切是没有问题的，这样，宝宝的独立性就会增强。

采取巧妙的方式，引开宝宝的注意。即便妈妈的确有更重要的事情要做，也切忌硬生生地撇下宝宝，任其无助地哭闹；不能让宝宝独自一人待在一个地方；不要训斥宝宝。这样做会让宝宝逐渐丧失对妈妈的信任感。妈妈可以让宝宝玩喜欢的玩具或游戏，妈妈也要加入进来，然后可以找爸爸或爷爷奶奶一起加入进来，慢慢转移宝宝的注意力，妈妈便可离开了。

宝宝不好好吃饭——表达对饮食的好恶

2岁的宝宝，有时会出现不好好吃饭的情况，妈妈喂一顿饭得用半小时，这还不算，宝宝吃几口就玩一会儿，根本不好好吃饭，吃到嘴里的饭，稍微不合意就会吐出来，有时索性不吃。这是怎么回事儿呢？

孩子的心声

我不爱吃那种菜。我想多玩会儿。

解读

很多妈妈发现，1岁多的宝宝反而吃得没有以前多了。妈妈变着花样、煞费苦心地给宝宝做吃的，宝宝也很少会出现大口大口吃饭的现象，宝宝的体重没增，反而减少了；个子也不如从前长得快了。难道宝宝得了厌食症？辛苦的妈妈又多了几分忧虑。

1岁以上的宝宝，自身的个性化特征越来越明显。有的宝宝喜欢每隔一段时间就吃点儿东西，但每次吃得不多；有的宝宝则一次会吃很多。但是，无论哪种宝宝，都让妈妈不满意。造成这种现象的主要原因是，这个时期的宝宝处在学步期，自我意识形成，探索欲望强烈，其注意力多半放在玩耍上，从而忽视了吃饭。宝宝不好好吃饭大多是以下两种原因造成：一是饭菜不合宝宝的意，如饭菜太咸、太凉等；二是宝宝发现更好吃的饭菜，迫不及待要吃，索性把嘴里的饭吐出来。

妈妈怎么做

给宝宝吃适合的食物。1.气味不浓烈的清淡食物。妈妈不能按照大人的喜好为宝宝提供食物，因为宝宝的嗅觉器官对味道的接受需要一个逐渐适应的过程。所以妈妈要观察宝宝的真正喜好，投其所好而为之。

2.柔软适度的食物。宝宝虽然有了小牙齿，但主要还是靠磨牙（臼齿）将其磨碎后吃下，这时宝宝的磨牙尚未发育好，吃东西还是靠牙龈来帮忙，如果食物过硬会伤到宝宝的牙龈。所以，妈妈切不可为了锻炼宝宝的咀嚼能力而过早给宝宝喂食过硬食物。

宝宝食谱营养要均衡。许多爱子心切的爸爸妈妈会买很多关于儿童营养食谱的书籍照着上面一一执行。其实对于宝宝的饮食，爸爸妈妈大可不必过于劳心劳力。只要在一段时期，比如一周内相对均衡就可以了。同时，要注意宝宝身体发育所需的重要营养元素的补充，如维生素、蛋白质、钙等。

加强宝宝的运动。运动一方面可以增强宝宝体质，提高免疫力，另一方面还可以增加宝宝的饮食量。

宝宝的饮食要适量，速度不宜过快。宝宝吃饭时，妈妈不要催促，让宝宝慢慢吃，不然心急的宝宝会恨不得将食物整个吞下去。另外，宝宝遇到爱吃的食物会没有节制，妈妈要防止宝宝因过分偏爱某种食物而饮食过量。

宝宝的固执行为——有时意味着较强的自主能力

妈妈说媛媛天生就是个顽固分子，睡觉的时候，她永远把头扭向右侧；吃饭时她坚决抵制吃米粒状的食物；拉便便时，如果不把裤子全脱了就坚决不往马桶上坐；即使再冷，也别想把帽子给她戴上。总之，媛媛一出生，似乎就注定是一个没人能强迫得了的孩子。

孩子的心声

我生来就是这样的啊！

解读

研究发现，宝宝的这种固执行为，多是由性格所决定。对于这种性格的孩子，爸爸妈妈要辩证地看待，宝宝的固执只是相对而言，从另一方面来看，这说明宝宝具有较强的自主能力，有主见。他会在以后的学习生活中比较专注，并且能够较为容易地获得某项技能，这对宝宝社会生存能力的培养有很大帮助。

针对宝宝的这些固执行为，爸爸妈妈要适当加以引导，慢慢纠正其中不合理的地方，让宝宝更健康地发展。

妈妈怎么做

学会倾听宝宝的心声。用心倾听是妈妈了解宝宝心声的有效方法。对于固执的宝宝来说，爸爸妈妈不能将自己的主观意愿强加给宝宝，而是应该学会和宝宝沟通的技巧，语气温和地同宝宝沟通，倾听宝宝的意愿。如果宝宝的固执不会影响到自己和他人的安全，就应尊重宝宝的意愿，让宝宝独立自主。比如宝宝非要玩碰碰车，不愿意去动物园，那就随他好了。

教宝宝学会谦和礼让的美德。中国是一个讲究中庸礼让的文明古国，只有懂得尊重别人，不过分争强好胜，才能与人和谐相处。所以固执既有好的一面，也有不好的一面。妈妈在不磨灭宝宝个性的前提下，一定要教会宝宝谦逊礼让。妈妈可以给宝宝讲些谦和礼让的故事，宝宝虽然未必懂，但随着时间的推移宝宝会慢慢理解。

另外，中国教育向来崇尚身教重于言教，孩子的固执很大程度取决于父母的遗传和日常生活的影响。所以爸爸妈妈日常生活中要注意谦和礼让，给宝宝树立一个良好的榜样。

尊重宝宝并不意味着姑息迁就孩子的一切行为。对于不利于宝宝身心健康成长的行为，爸爸妈妈就不能再宽容了。比如宝宝玩疯了，该吃饭时不好好吃饭，爸爸妈妈就应该对宝宝进行管教，制定一些规矩来约束宝宝，以免任其恶性发展。

宝宝咬人——口腔敏感期到了

秋秋是个惹人喜爱的小女孩，可是她很喜欢咬人。和小朋友玩，为了抢玩具咬人；在家里对爸爸妈妈也不会“口下留情”，经常突然发起“攻击”，抓住妈妈的手就是一口，而且听到妈妈的大叫，看到妈妈手臂上的齿印，秋秋还乐得直拍手。

看到模样可爱的秋秋，大家忍不住就想抱，可一想起被咬过的经历，不禁心有余悸，都对这个小家伙开始敬而远之。

孩子的心声

我好烦，却说不出来，只有咬人了。

解读

宝宝咬人现象会出现在几个不同的年龄段里，其表达的含义不同：

第一阶段（2～3个月）：口唇快感期。这个时期的宝宝是在通过口唇探知事物，通过咬人来满足自己的这一需求。

第二阶段（4~10个月）：出牙期。宝宝在长牙期会因牙龈痛痒难忍而乱啃东西，没有东西可咬，爸爸妈妈就会成为啃咬的对象。

第三个阶段（1~2岁）：语言贫乏期。宝宝想表达自己的意愿，无奈语言贫乏，只有通过咬人来表达自己的意愿，以此来引起妈妈对自己的关注。

第四个阶段（2岁左右）：模仿发泄期。这个时期的宝宝模仿能力特别强，他们通过对外界事物的模仿来实现自己学习的目的。咬人多是宝宝通过模仿电视或生活中的真实咬人事件而来。当宝宝想得到某样东西、遭到妈妈阻止时，他就很有可能通过咬人来发泄自己的不满情绪。

第五个阶段（3岁以上）：侵略行为。3岁的宝宝已经具有一定的独立意识，也有一定的语言表达能力，这个时期的宝宝如果还咬人的话就说明是故意侵略行为了。比如，故意欺负人，或者以此引起别人对自己的关注等。

另外，宝宝咬人还有可能是因爱而生，是其表达爱的一种方式。俗话有乐极生悲，宝宝就是“爱极生咬”。

妈妈怎么做

针对宝宝不同生长时期的不同需求，给予不同的满足。比如，可以给处于口唇敏感期和出牙期的宝宝准备一些缓解不适的东西如磨牙棒等；在宝宝自我意识形成期，及早教宝宝语言，多和宝宝沟通，给予宝宝充足的呵护；在宝宝模仿期减少宝宝接触不良的负面画面，相反多让其接收快乐健康的信息。

转移宝宝的注意力。在宝宝咬人时，妈妈可以用宝宝感兴趣的玩具或事物，转移宝宝的注意力，这样宝宝就会逐渐淡忘咬人的行为。

和谐的家庭环境对宝宝的成长，同样起着重要的作用。和谐的环境能让宝宝充分感受到爱，在爱的环境下生长，有利于宝宝良好性格的形成。

告知宝宝咬人是错误的行为，对咬人的孩子要批评。

宝宝不听话——好奇心未得到满足

壮壮在2岁以前是个特别爱笑的宝宝，也是个人见人爱的听话宝贝。可是小家伙自从2岁后就渐渐有了自己的主意，不再对爸爸妈妈百依百顺了。以前妈妈把便便，他会很听话地拉便便，可现在即便憋得难受，也死活不去小马桶上便便；他喜欢去拉食品柜的抽屉，但妈妈担心他会夹手，每次都告诉他不要动那些东西，但他就像没听到一样，依然我行我素。

爸爸说，壮壮肯定听得懂妈妈说的话，但偏偏不按照妈妈说的去做。

孩子的心声

我很好奇，想看看。

解读

对于宝宝的我行我素，用“不听话”来形容是不贴切的。处在自我意识形成时期的宝宝，探索欲望非常强烈，他对这个新奇的世界太感兴趣了。对于妈妈的阻止和打断，宝宝当然不会理会。宝宝的注意力大部分被手中、眼前的新奇事物吸引了。这个时期的宝宝比较以自我为中心，爸爸妈妈要多多理解宝宝的心思，不要认为宝宝对自己不理不睬，就是对自己的不尊重，从而要对宝宝“大发淫威”，这样是不对的。

前面已经讲过，这个时期是宝宝自我个性形成阶段，每个宝宝对于妈妈的话会有不同表现，敏感谨慎的宝宝就会回应快些，固执的宝宝就会回应慢些；不同宝宝的性情也会不一样，不管如何，对于宝宝的探索，妈妈要进行引导，告知宝宝哪些事情是能做的，哪些事情是不能做的，因为这一时期宝宝还没有是非观念。

妈妈怎么做

对宝宝不恰当的行为，应直接指出其危害。用宝宝能懂的简单语言指出宝宝的不当行为，告诉他凉、疼、扎、烫等，让宝宝了解不能做的原因，而不能直接说否定的词汇，比如“不能吃”“不能摸”“不能……”来阻止宝宝。过多的直接否定和阻止会让顺从的宝宝变得畏首畏尾，让固执的宝宝变得叛逆。

给宝宝营造一个安全的环境，消除家里的不安全因素。很多爸爸妈妈发现，已经管不住会走路的宝宝了，满屋都会留下宝宝的足迹，宝宝再也不会安分地在地毯上玩了，一不留神就会跑到客厅。小家伙一会儿打开抽屉，一会儿又在拔插销，一会儿又碰倒了装开水的杯子……爸爸妈妈稍微一疏忽宝宝就可能会伤到自己。所以爸爸妈妈一定要注意这个时期的宝宝，很多烫伤、磕伤的不幸事故就发生在这一时期。因此，家里的每个角落都需要爸爸妈妈细心查看一番，以确保宝宝的安全。

了解宝宝真正感兴趣的东西。宝宝一般会对一些厨房用具（如锅碗、勺子等），以及一些转动发声的东西（如电风扇、冰箱门等），产生强烈的兴趣，妈妈要注意这些地方的安全隐患，还要经常更换一些小物品，以满足宝宝的强烈好奇心。

宝宝打人——用手探索世界

最近思雨的妈妈又增加了新的烦恼，本来就淘气的思雨，这下又有了新招，她常常趁爸爸妈妈不注意，伸出小手打人。看到爸爸妈妈被打得“哎哟哎哟”叫，她笑得可开心了。

孩子的心声

大人们被打后有各种反应，真好玩！

解读

很多爸爸妈妈以为宝宝打人是自己在教育上出现了问题，宝宝养成了不好的习惯。其实不然，让我们来看看科学的解释。

研究表明，随着宝宝身体发育的完善，宝宝对手臂控制力更为加强，宝宝的肌肉力量也随之加强。这个时期，小手成了宝宝使用起来更得心应手的“工具”，宝宝更愿意用手来探索这个世界了。每当遇到新奇的东西，他都愿意用手摸摸，用小拳头敲敲。来自小手的碰撞、摩擦的感觉及对方的反应，让宝宝觉得非常有意思，而且他会乐此不疲地尝试下去。

不过爸爸妈妈不必过于担心，因为宝宝的语言表达能力通常要晚于肢体表达能力的发展，等宝宝会说话后，这种现象会逐渐消失。

妈妈怎么做

教给宝宝新的接触方式。比如让宝宝轻轻拍拍爸爸的头，轻轻抚摸一下妈妈的脸，或者握握妈妈的手，都会让宝宝有不同的感受。这样的转换可能会使某些宝宝转移注意力，逐渐淡化打的动作。但随着时间的推移，有些宝宝，尤其是男宝宝可能会觉得轻轻接触的方式，没有打的方式来得刺激、有趣，这一招可能也会随之失效。

爸爸妈妈要了解宝宝打人的行为，很大程度上出于对大人不同反应的兴趣。对于宝宝这种行为，爸爸妈妈不要表现得过于夸张，对宝宝的“打”，可以故意淡然处之。爸爸妈妈切忌故意装出很疼的样子，做出强烈的肢体动作来夸大效果，否则宝宝会因有趣而更来劲。如果没人搭理宝宝，时间久了，宝宝就会觉得这其实也没什么好玩的，会去寻找更加新奇的事情做了。

妈妈也可以通过语言和行为告诉宝宝打人是错误的，打人的孩子是不受人欢迎的。通过教育，宝宝会慢慢转变。爸爸妈妈也可以让宝宝多和有礼貌的宝宝一起玩耍。

喜欢搞破坏——独立意识和探索行为

2岁的月月是个聪明的孩子，妈妈刻意让月月玩一些开发智力的游戏，比如搭积木，月月也喜欢上了这项游戏。可是一段时间后，月月总会在积木刚刚搭好的时候，把积木推倒，然后一脸坏笑地瞅着妈妈。

孩子的心声

整齐的积木一推就倒，多好玩啊！

解读

爸爸妈妈给宝宝买积木，多数是为了让宝宝在玩耍的过程中通过搭造各种造型来开发宝宝的智力。可是望子成龙的爸爸妈妈往往忽视了宝宝的真正想法，宝宝不同于成人的功利目的，有一套属于自己的、单纯的规则。在宝宝的头脑中，积木就是用来推的，妈妈搭好，自己再用小手的力量来把它推倒，搭好的积木“哗啦啦”倒地的声音和样子，才是宝宝快乐的来源。

所以，宝宝对于爸爸妈妈提出的搭房子、搭变形金刚的游戏，并不感兴趣，小家伙迫不及待地等着妈妈搭好的那一刻自己大展身手。妈妈对宝宝说：“宝宝，积木要这样来玩，不是你那样……瞧！一座漂亮的房子搭好了！”妈妈的话音还未落，“哗啦”一声，小家伙以迅雷不及掩耳之势推倒了积木，“咯咯……”宝宝银铃般的笑声让妈妈一脸无奈。

妈妈怎么做

改变成人视角，学会从宝宝的角度来思考问题。父母望子成龙、望女成凤的心情，加之社会竞争的压力令每个家长都不愿意让宝宝输在起跑线上。于是，他们想尽办法让宝宝学东西，即便是玩，也要和开发智力、培养能力联系在一起。面对宝宝的我行我素，爸爸妈妈就会拿出成人的“智慧”教宝宝快快停止“错误”行为，赶紧按照他们认为“正确”的去做。谁知宝宝并不领情，甚至根本不配合。结果导演了一幕幕滑稽场景，积木是用来推倒的，画笔是用来当棍棒敲东西的……尊重宝宝的意愿，宝宝才能真正快乐成长，宝宝的这些行为也是他们学习的重要途径，并非是一无所获。

让宝宝独立，不要过多干涉。宝宝玩游戏时爸爸妈妈不要横加干预。让宝宝来当游戏的主导者，爸爸妈妈协助宝宝按照自己的意愿玩，如果小家伙被过多地干预，发现不能主导自己的游戏，就会很快失去耐心，甚至会放弃游戏。

动不动就发脾气——自我意识加强

小布丁2岁了，可他最近的一些行为真是让爸爸妈妈头疼，小布丁不知道什么时候学会了发脾气，一有不称心就摔东西，或者大哭大闹，有时候哭得很夸张，很有威胁的意味。见此情形，爸爸总会抱怨妈妈："都是你把宝宝宠坏了！"

孩子的心声

我只是发泄情绪而已。

解读

爸爸妈妈不必担心，这是宝宝自我意识加强、更加成熟的表现。这个时期的宝宝还不会控制自己的情绪，他们往往将内心情绪最直接地表达出来，丝毫没有故意、威胁的成分。随着年龄的增加，宝宝发育更加成熟，慢慢就能够通过自己的行为，影响周围的人和事物了。他们的表现也不会那么直接了，学会了分析判断，学会了控制情绪，并且学会了威胁爸爸妈妈。

妈妈怎么做

学会理解宝宝。要知道这个时期的宝宝轻易发脾气是再正常不过的现象，这是宝宝健康成长的必然结果，也是每个宝宝必经的成长阶段。正待发火的妈妈，如果想到有成千上万的妈妈正在面对同样的问题时，也许就不会再焦虑了吧？

顺应宝宝的本性，不要压抑宝宝。如果宝宝发火，就让他发好了，要知道宝宝发脾气也是调节情绪的一种方式，会帮助宝宝体验这种情绪带来的感觉。妈妈要适当给宝宝讲道理，帮助宝宝排解不良情绪带来的烦恼。

用爱来温暖宝宝。爱是化解一切不良情绪最有效的方式。宝宝哭闹时，妈妈要偷偷观察，待宝宝哭劲逐渐减弱开始偷偷关注大人的动静时，妈妈可以走过去，把宝宝抱在怀里，用关爱的语气问问宝宝：“宝宝是不是不舒服了？”“宝宝怎么了？”妈妈询问的语气非常重要，不能表现出过于心疼的样子，否则会让宝宝感觉只有这样妈妈才关注自己，心疼自己，从而导致宝宝强化这些行为。另外，妈妈的语气也不要过于严肃，不要用讽刺、训斥的语气，那样不利于宝宝不良情绪的排解，还会使宝宝减少对妈妈的信任。

第三节

宝宝会耍小心思了

“我一哭，大人就关注我了”——假装哭泣

最近奶奶发现一个让她捧腹大笑的事情。2岁的佳佳想要奶奶抱时，就会使劲儿张开小嘴哇哇大哭，眼睛紧闭，小脸憋得通红，却没有一滴眼泪，哭一阵后，小眼睛会偷偷眯缝着看看奶奶的动静，哭的音调都是很夸张且单调的。

孩子的心声

奶奶不抱我，我就用哭吓唬她。

解读

在照顾宝宝的过程中，随着宝宝的年龄增长到2岁左右，许多妈妈会发现宝宝越来越难对付了，宝宝早已不是襁褓中那个可以任意摆弄的可爱小家伙了。宝宝开始将自己掌握的一切手段和经验用在与人的交往上，也用在满足自己的需求上。

其中假哭就是宝宝的手段之一，如果“得手”，宝宝就会不断尝试。宝宝在假哭的过程中会观察妈妈的反应，如果妈妈每次都会表现出很心疼，对宝宝及时妥协，宝宝就会将这种方法当作对付爸爸妈妈的撒手锏，在以后的生活中继续尝试这种方式。如果妈妈对其不理不睬，宝宝会觉得这种方式并不奏效，自己的需求依然得不到满足，就会不再使用这种方式，而是寻找其他方式。

爸爸妈妈要正确对待宝宝的这种行为，这只是宝宝在实现自我需求过程中与爸爸妈妈之间建立的一种交流方式，并不会对宝宝以后的生活产生不良影响。妈妈只要适当进行引导，对宝宝的需求既不要有求必应，也不要不理不睬，否则宝宝就会习惯于“威胁”爸爸妈妈或走入另一个极端。

妈妈怎么做

不同假哭，不同对待。不可否认，宝宝的假哭有时候是为了满足自己的正当需求。比如，想吃奶，想抱抱。对于这种需求，妈妈可以给予及时的满足。但是宝宝的假哭在很多时候是在满足对自己有害的需求，如，大量吃糖、爬高等，这样妈妈就不能答应了。对于这种需求，妈妈切忌开始不答应，可是看到宝宝哭得可怜又妥协了，或者妈妈不答应，外婆受不了宝宝的“可怜样”，外婆答应了。聪明的宝宝就会明白，外婆更容易满足自己，以后就会直接向外婆假哭。所以态度上一定要前后一致，全家一致，对于原则性的问题绝不让步，这需要父母和其他长辈一开始就狠下心来。慢慢地，宝宝就会发现这种威胁不起作用，而转向其他的方面。

教育先行，真爱随后。拒绝宝宝的不合理需求不能简单地对宝宝说“不可以”“不能够”等，还要告知宝宝为什么不可以这样，这样会给宝宝带来哪些伤害。另外，妈妈可以给宝宝推荐一些更健康积极的东西来满足宝宝的需求，如宝宝想摔手机，妈妈可以给宝宝一些不怕摔的玩具摔，这样既不会伤害宝宝，也不会造成经济损失。

“我不是搞破坏”——最爱翻箱倒柜

1岁6个月的甜甜迷上了翻箱倒柜，凡是她能打开的如橱柜、抽屉、冰箱门、背包……她都会将里面的东西翻个底朝天，也不知道她在找什么，反正就是永远也找不到自己感兴趣的东西。她把里面的东西扔得到处都是，然后就会寻找新的翻找目标。

孩子的心声

我没有恶作剧，也没有破坏倾向，我是在探索和发现。

解读

自从宝宝痴迷于翻箱倒柜后，本来井井有条的家现在变成了名副其实的“猪窝”。只要小家伙醒着，家里就不会有一刻的整洁。但妈妈也不必为宝宝的行为而懊恼，宝宝实际上是在探索未知的新世界呢！

当宝宝拉开抽屉时，宝宝发现，抽屉里原来还有另外一个五彩缤纷的新世界，他会惊奇于看起来单调的抽屉，拉开后居然会有另一个与众不同的空间。宝宝在探索的过程中会逐渐建立起空间感观念，会认识更多不同事物的不同功能，了解这些东西对他产生的各种不同感受。这种“探秘”带给宝宝新奇感，促使其义无反顾地翻箱倒柜。

妈妈怎么做

针对宝宝这一填装行为，妈妈可以适当地给宝宝提供更有意义的游戏。给宝宝一个容器和小铲子，让宝宝向里面装填沙子；妈妈还可以让宝宝协助做一些事情，比如帮妈妈把豆子装入盒子里等。这些填装游戏可以作为宝宝翻箱倒柜、向外倒东西的补充，培养宝宝的逆向思维。前文曾经讲过这个时期的宝宝没有安全意识等，妈妈一定要为宝宝布置一个相对安全的家居环境，以防发生意外。

“我可以藏在这个小角落里”——喜欢待在角落里

宝宝经常喜欢独自躲在一个小角落里，对于那些刚好能容身的狭小空间，宝宝喜欢藏身其中，一动不动，妈妈要抱他出来，他却死活不肯。宝宝的这一行为着实让妈妈疑惑不解，宝宝是不是有自闭倾向啊？

孩子的心声

我没有不开心，更不是孤独症、忧郁症，我只是觉得我可以用身体把这个空出来的地方填满。

解读

宝宝喜欢躲在狭窄的小空间里，这是宝宝空间感意识形成的表现。宝宝将自己藏在小角落，用自己的身体将它填满，探索的过程中宝宝通过触摸、接触来感知空间概念。很多宝宝还会对小箱子、小蚊帐，甚至洗衣机甩干筒表现出特有的好感，这些都是宝宝空间探索的表现。妈妈不必担心宝宝会有不开心或者危险，适当地让宝宝独处一会儿，有助于宝宝空间感的认知和自我意识的加强。

妈妈怎么做

安全第一。处在空间感探索时期的宝宝，由于缺乏是非意识和自我保护能力，很容易遇到危险。比如小手卡在缝隙里拔不出来了，被滚烫的开水烫了，被卷入洗衣机筒里了……现实生活中这样的不幸时有发生，所以妈妈应该花时间认真照顾宝宝，仔细排除安全隐患。

为宝宝建造“体验空间”。妈妈可以为宝宝创造体验空间，比如给宝宝准备一个能容下他身体的小纸箱，用大积木为宝宝搭建一个空间等，来满足宝宝的探索欲望。

捉迷藏。捉迷藏游戏被众多宝宝所喜爱，这个游戏可以在很大程度上满足宝宝的空间探索欲望。妈妈可以多和宝宝做做这样的游戏。

“我不想换别的玩具，只要这一个”——只爱一个玩具

蒙蒙1岁8个月，非常喜欢她那只毛绒小兔玩具，每天睡觉、外出都要带着它。现在这个小兔子已经被弄得又脏又破，妈妈尝试用其他的玩具来

代替它，可是总也做不到。

孩子的心声

这是我最喜欢的玩具，没有什么能取代它。

解读

宝宝有恋物倾向多发生在1～3岁，有恋物倾向的宝宝在长大后相较于其他宝宝来说会表现得更自信。他们很容易将不良情绪通过依赖物这一媒介排解掉，从而使身心得到健康发展。当宝宝处在陌生的环境中时，会产生不安和恐惧，并做出很多超乎寻常的举动。爸爸妈妈或者自己的心爱小玩具可以在很大程度上起到缓解宝宝压力、让宝宝放松情绪的作用。所以，当妈妈不能及时使宝宝得到安慰时，心爱的小玩具能起到一定的安慰作用。

依恋物给宝宝带来的安慰，与爸爸妈妈给宝宝带来的安全感是不同的。因为宝宝可以任意控制依恋物，控制感带来的自信与愉悦会随着时间的推移逐渐加深，并取代爸爸妈妈带给宝宝的安全感，从而增强宝宝对周围环境的适应能力。

针对宝宝的恋物癖好，妈妈可以为宝宝准备一些柔软温暖、色彩多样的物品，如毛绒玩具、毛绒毯子、布娃娃等，宝宝一般会喜欢以这样的物品作为自己的依恋物。

妈妈怎么做

很多妈妈对宝宝恋物很担心，会怀疑宝宝是不是有心理障碍，甚至有自闭症。其实妈妈不必担心，宝宝在成长过程中或多或少都会出现恋物这一现象，宝宝的这种正常发育中出现的恋物和心理问题造成的恋物会有较为明显的区别。比如宝宝吃饭时喜欢攥着自己的洋娃娃，睡觉喜欢抱着毛绒玩具睡等，都是正常的，妈妈不要强行制止宝宝的这一行为，只要顺其自然就好。

“我想要妈妈抱”——成长中的依赖

1岁11个月的家美会走路了，但最近她说什么也不肯走，整天让妈妈抱着，搞得很多邻居都问妈妈：“家美还不会走路吗？”真是让人哭笑不得。最近家美没有摔过跤，也没有发生过什么严重的不愉快事件，可她就是不愿意下地走路。难道她讨厌走路吗？

孩子的心声

会走路一点儿也不好，妈妈不爱抱我了。

解读

许多家长都会遇到这样的情形，宝宝本来走路走得好好的，却偏偏不好好走非要抱着；宝宝本来早已经会说话了，却“嗯嗯啊啊”不好好说；宝宝本来会自己吃饭了，却非要妈妈喂；宝宝本来会穿衣服，却非要妈妈穿不可……宝宝出现这种情况，其实是一种依赖的表现，是成长期的一种正常心理过程，这种依赖不会持续时间过长，只会偶尔或在一段时间出现，妈妈不必担心。

宝宝的依赖心理无非有以下几种情况：

宝宝觉得长大并不好玩。宝宝觉得自己会走路后妈妈就不爱抱着自己了，会吃饭后妈妈就不再像以前那样喂自己了，长大了，遇到小弟弟还得让着小弟弟，不得不把自己最喜欢的零食让给弟弟吃……这些让宝宝不愿面对长大，很留恋以前的日子。

宝宝认为妈妈的关爱减少了。妈妈们觉得宝宝好不容易会做一些事情了，就不再像以前那样事事依着宝宝，对宝宝的关注也会少一些。这会让宝宝觉得妈妈不再爱自己了，所以拼命想留住以前的感觉。

宝宝可能在学习走路或说话时遇到过挫折，就不愿意再尝试。比如说话时，因说不清楚遭到家人不停地纠正，走路时重重地摔了一跤等，这些伤害在宝宝心里留下了阴影。针对这个原因，妈妈要及时帮助宝宝排解，并重新建立自信。

妈妈要想让宝宝能够接受成长，就要让宝宝充分知道独立能带来众多好处。比如，宝宝自己吃饭可以选择自己喜欢吃的饭菜，自己走路可以采到路边的小花，当哥哥可以让弟弟对他特别忠诚等，让宝宝认识到原来长大有这么多好处呢。

妈妈怎么做

面对宝宝的这一心理需求，妈妈要尽量去满足他，并适度接受宝宝“倒退”，给宝宝更多的呵护，这对增加宝宝的安全感很有帮助。想想，小家伙千方百计地撒娇、使性子，无非是想获得妈妈的更多关注，作为妈妈不能不理睬。妈妈要注意，宝宝长大了，这并不意味着妈妈终于摆脱小家伙的纠缠可以轻松了，可以少给宝宝关爱了，这样宝宝就会因为被冷落在心理上形成很明显的落差，依赖性会更强。

当宝宝遇到成长的挫折时，妈妈要在宝宝身后撑起一把保护伞，给宝宝信心，鼓励宝宝勇敢面对。比如当宝宝因为说话含混被人嘲笑时，妈妈要鼓励宝宝：“宝宝其实已经很棒了，我告诉你一个秘密吧，不要告诉爸爸哦，妈妈小的时候远不如宝宝厉害呢！宝宝这么聪明多练习几次就好了！”当宝宝遇到困难时，妈妈要在第一时间帮宝宝解围，等到宝宝克服困难，达到目标时，就不会再那么依赖了。

如前文所述，妈妈要让宝宝知道，他的成长不仅不会失去家人的呵护，而且长大还会有很多好处呢。

“我还没有玩够”——不肯回家的小赖皮

婷婷在街心花园里开心地玩了很长时间。天色渐晚，妈妈告诉她必须回家，可是她断然拒绝。妈妈试着抱起婷婷，她却一把抓住滑梯的栏杆，大喊大叫起来。妈妈尝试着掰开她的手指，婷婷竟哇哇大哭起来，对妈妈又捶又打就是不肯走。

孩子的心声

我不要回家，我还没有玩够！

解读

当宝宝玩耍遭到大人的阻止，宝宝就会将一腔不满全部发泄到大人身上。这个年龄段的孩子是不会体谅大人的处境的，他们只知道找机会来发泄自己的愤怒，表达他们的失望，而且常常有不达目的誓不罢休的气概。说理、解释都不能解救父母的尴尬处境。

妈妈怎么做

宝宝坚决抵抗，妈妈要以退为进。不妨转移一下宝宝的注意力，如，对宝宝说“动画片就要开演了，你在这里玩吧，妈妈先回家看了”，“乖，想看看家里那条可爱的小金鱼吗”……这样一来，宝宝遇到自己更感兴趣的事情就会放弃现在的事情。

对待无理取闹的宝宝，妈妈一定不要急躁，要用平和的心态对待这一切。

宝宝耍闹一阵就会渐渐收敛。宝宝耍闹时，妈妈不妨将宝宝晾在一边，待宝宝情绪稍微平静点儿后再给宝宝讲道理。

“我累了”——疲倦之后的不讲理

妈妈让1岁4个月的嘉嘉在床上玩，自己在洗手间里洗衣服，没过一会儿，卧室里就传来了摔东西声和哭闹声，妈妈赶紧跑过去问：“宝贝怎么了，摔着了？”只见小家伙满脸委屈地指着玩具飞机说：“坏飞机，我要它转，它就是不转！”他小手用力摔打着飞机，小脸被气得通红。

孩子的心声

我累了，很不开心，所有东西都在和我作对。

解读

当宝宝困倦时，情绪就会处在低谷，非常脆弱敏感，似乎猫咪甩动尾巴都能招惹他敏感的神经。但这是很正常的现象，妈妈不必担心。

妈妈怎么做

遇到宝宝无理发脾气，妈妈不要对宝宝进行训斥，要理解宝宝。

可以听听宝宝的意见，建议宝宝玩一些更喜欢的玩具，或做一些更擅长的事情，以转移注意力。比如，给宝宝一些画笔和纸张，让宝宝随意涂画，或者给宝宝一些色彩鲜艳的图画让宝宝自己看。同时可以放一些优美的儿童音乐来平复宝宝的心情。

如果以上措施不奏效，妈妈可以稍微施加威力，让宝宝独自待在另一个安静的地方，过几分钟后，看宝宝是不是逐渐平静了下来。

如果还不奏效，说明宝宝真的困了，妈妈应该放下手中的活儿，先将宝宝哄睡着。妈妈最好掌握宝宝的睡眠习惯和容易犯困的时间，尽量避免宝宝饿着肚子就睡觉的情况。

尽量避免以看电视为主要办法来缓解宝宝情绪，很多家长在做饭的时候为了防止宝宝进入厨房被开水、热油、刀具等伤害，就打开电视，希望通过动画节目等将宝宝限制在某个空间中。久而久之，会让宝宝变成“电视迷”，并对宝宝视力造成影响，甚至养成一吃饭就看电视的不良饮食习惯。

“不让出去玩，心里好烦”——生病时的小难缠

有的妈妈发现，宝宝生病后变得越发“娇气”了，如果不顺着宝宝的心意，小家伙就会哭闹甚至在地上打滚来抗议，真让爸爸妈妈头疼！

孩子的心声

为什么不让我出去玩？

解读

宝宝都是妈妈的命根子，宝宝生病妈妈会格外娇惯，什么都随宝宝的心意来，病愈后妈妈仍然会心疼有加，于是宝宝就会“恃宠而骄”，稍微不顺心意就发脾气。

妈妈怎么做

妈妈可以采取一些措施来根治宝宝的蛮横劲。

消除不安全因素，拿走宝宝周围坚硬、易碎的东西，以免宝宝伤到别人和自己。

用爱来化解宝宝的任性。面对发脾气的宝宝，妈妈不要不理他，也不要发火，而是要给宝宝一个拥抱，对宝宝说：“宝宝有什么不开心的事情了？说给妈妈听听！”一边说，一边摸摸宝宝的小脑瓜，亲亲宝宝的小脸；或者让宝宝坐在自己的腿上哄哄他，小家伙就会慢慢平静下来。

告知宝宝发脾气的不对之处。等宝宝稍稍平静后，就要告诉他，可以通过更加合理的方式表达自己的想法，而不是哭闹，“原来宝宝是想玩滑梯啊，可以啊，不过要等太阳公公出来才能去呢，不然宝宝会咳嗽，咳嗽就要打针了哦，宝宝不是最怕打针吗”……

第三章

开始叛逆的3岁：

读懂宝宝的行为

> 宝宝开始叛逆了 >>

宝宝变得固执不听话、动不动就发脾气摔东西，会用哭声威胁父母，就喜欢那个脏破不堪的布娃娃，吃饭时弄得满桌子狼藉……宝宝进入3岁便到了一生当中的第一个叛逆期。一说叛逆，很多父母会为之头疼，其实事情并不像父母想象得那样难以处理，只要真正读懂宝宝的内心世界，你会发现很多难题都不再是难题了。

第一节

第一反叛期来临

想法变来变去总唱反调——孩子想做自己的主人

天佑2岁3个月，什么话都能听懂，也会说很多话，但是性情阴晴不定，有时候很乖很听话，有时候却非要跟大人作对。比如，妈妈说："我们今天去外婆家吧？"他就说："我不去。"妈妈说："天佑听话。"他就一定说："天佑不听妈妈的话。"妈妈说："那好吧，我们今天哪儿也不去，就在家待着吧。"可天佑立刻跳起来："不，我要去外婆家！"

孩子的心声

我本想听妈妈的话，可是她对我越凶，我就越不想听她的话。

解读

相对于2岁的宝宝而言，这个时期宝宝的独立意识会更强烈一些，不仅表现在对事物的控制上，而且表现在尝试着挑战家长的权威上。每一次对“独立自主”这一武器的运用实现后，宝宝的独立意识会更强烈，他们会探索更难控制的事情，比如一次次对父母的叛逆。

研究表明，宝宝叛逆一般会由以下几方面原因引起：

1.宝宝想做自己的主人，自己控制每一件事。

2.宝宝对家长的暴躁、怒斥心生恐惧而出现叛逆。

3.宝宝正在做某件事，因为被打断，所以才会拒绝。

妈妈怎么做

同宝宝商量着来。和谐相处的前提是充分的尊重。别以为宝宝还是“小人”，就无视宝宝的意愿，而勉强他们做任何事情。如果这样，爸爸妈妈往往会发现事情的发展越发与预期背道而驰。相反，如果什么事情都和宝宝商量，就会发现小家伙并不是那么不好说话。比如，让宝宝回家吃饭：“宝宝，我们要不要回家吃饭呢？”“不要，我还要玩一会儿！”“嗯，其实妈妈也很想玩一会儿，可是爸爸做了宝宝最爱吃的鸡蛋羹，过一会儿凉了就不好吃了。”这样宝宝就会很乐意跟妈妈一起走。

让宝宝将事情做完整。宝宝喜欢事情能善始善终，不希望被打扰，妈妈就尽量在宝宝做完一件事情时再让宝宝做其他事情。这样既尊重了宝宝，又有利于宝宝专注力的培养。

引导宝宝做更有意义的事情。妈妈可以让宝宝做一些对自身身心健康有益的事情。比如，让宝宝做一些简单家务，帮妈妈择菜、叠被子、扔垃圾等，既能培养宝宝勤劳、爱干净的好习惯，又能培养宝宝的家庭责任感。但妈妈要注意，对宝宝做事结果好坏不要太在意，只要宝宝参与并且努力了，妈妈就要给予宝宝适当的鼓励和奖励，这样宝宝就会更有兴趣。

另外，妈妈在让宝宝做事时，一定不要用命令的语气，而是要和宝宝商量："宝宝，妈妈好累啊，能不能帮妈妈去把这个纸团扔到垃圾桶里？"宝宝做到后，妈妈要说："宝宝真是一个既聪明又孝顺的宝宝。"

爱宠物却又虐宠物——孩子的控制欲

很多宝宝都会特别喜欢小动物，为了满足宝宝的这一需求，爸爸妈妈也会给宝宝买来小狗或小鸭子。宝宝与小动物形影不离，走到哪儿都会带到哪儿。可是没多久，妈妈就发现宝宝对小动物居然有暴力行为，小动物被宝宝使劲揉捏，还被宝宝粗鲁地扔来扔去，家里不时会传来一阵阵动物的惨叫。爸爸妈妈说了多次，也无济于事，宝宝为什么爱宠物的同时却又虐待小动物呢？

孩子的心声

小狗狗很可爱，可它不听我的话，所以我要惩罚它。

解读

3岁的宝宝本来就让爸爸妈妈很头疼，爸爸妈妈好不容易找到小家伙的所爱，将可爱的小狗狗带到家里来，本想让宝宝和小狗狗好好玩，安静一会儿，却不料小狗狗和宝宝之间出现了更多的问题。宝宝把小狗狗当成了家庭中的一员，甚至会一厢情愿地将它看作自己的弟弟或者妹妹。这个比自己小的宠物，理所当然地应该受控于自己，听自己的话。在宝宝印象中，爸爸妈妈是如何管教自己的，自己就应该如何管教 “弟弟”或“妹妹”。

所以，宝宝对待小动物的一些方式，成了大人的镜子。爸爸妈妈在管教宝宝时，宝宝不听话，爸爸妈妈就要发火；那么宝宝管教小狗狗时，小狗狗不听话，宝宝自然也会发火了。因此，爸爸妈妈在管教宝宝时一定要注意自己的言行举止。

另外，这个时期的宝宝还不太能准确地表达自己的情感，在大人眼中看起来像是在虐待小动物，其实正是宝宝渴望和小动物交往的表现。宝宝只是不知道如何做才对，唯一的经验就是从爸爸妈妈那里学来的。

妈妈怎么做

教宝宝与小动物相处的正确方式。宝宝是喜欢小动物的，只是不知道如何去爱，妈妈要教宝宝怎样关心照顾小动物，如何给小动物喂食，怎样抱小动物才不会伤到它们。这样可以培养宝宝的爱心和责任心。

爸爸妈妈要从自身做起，为宝宝树立起爱护小动物的榜样。

注意安全。很多小动物有锋利的牙齿，一不小心就会伤到宝宝，所以在选小动物时，一定要选性情温顺、不易伤人的“耐折腾”动物。宝宝的手小、力气也小，不懂得如何控制灵活的宠物，在日常生活中我们常常会看到，当宝宝想抱起宠物的时候，不是掐住宠物的脖子，就是拎着宠物的耳朵，要么就是提起宠物的一条后腿。如果是比较娇气的动物，很可能会有令人不愉快的死伤情形出现。另外，还要给小动物及时防疫、洗澡，以免病菌危害宝宝的健康。和小动物做完游戏，一定要让宝宝将手洗干净。

一进澡盆就小便——正常的生理反应

皓轩3岁，平时大小便都很正常，可是最近不知道为什么，洗澡之前提醒他尿一次，他说没有尿，可一进澡盆就憋不住尿在里面了。每次洗澡前妈妈都会耐心地提醒皓轩，可他总是控制不住，真不知道是皓轩故意的，还是有什么疾病，或者别的什么原因造成的。

孩子的心声

妈妈放心，我很健康，只是在暖暖的水里就想小便。

解读

温热的洗澡水会刺激宝宝的神经系统，引发宝宝的尿意。所以宝宝一洗澡就小便是很正常的，并不是得了什么疾病。不仅如此，即便宝宝浴前刚刚小便过，洗澡时有时还会小便。这种现象与"哗哗"的流水声会让成人产生尿意是一样的，属于正常的生理反应。

妈妈怎么做

妈妈可以在宝宝进入澡盆前，让宝宝赤脚在一个装了半盆温水的小盆里站立片刻，这样宝宝就会先在小盆里面 "解决"，再转入大盆洗澡可以避免弄脏洗澡水。或者妈妈可以先将小毛巾打湿后，柔和缓慢地清洗宝宝的外生殖器，一方面可以借此机会帮助宝宝做身体清洁，另一方面在这种情况下宝宝也会小便，之后再让宝宝进入澡盆。

进浴盆难出浴盆更难——想要自主决定

不少妈妈都会碰上这样的问题，让宝宝进浴盆洗澡困难，出浴盆会更困难。淘气的宝宝很容易将自己变成一只小脏猫，妈妈要给宝宝洗澡，却发现宝宝总是找各种借口逃避，“妈妈，我肚子疼！”“妈妈，我正在玩呢！”妈妈使尽浑身解数，威逼利诱，终于让宝宝进了澡盆，宝宝却怎么也不肯出来了，在澡盆里玩得不亦乐乎。

孩子的心声

这是我自己的事情，我要自己决定洗澡或不洗澡。

解读

3岁的宝宝已经有了自我意识，他们往往以自我为中心。宝宝每做一件事都会希望通过自己的意愿决定事情的始终，因为这样他们才会获得独立自主带来的满足感。因此，宝宝在做事情时不希望被打断。妈妈让宝宝洗澡时，宝宝肯定正在玩耍，做着自己的事情；同样妈妈让宝宝出浴盆时，宝宝正沉浸在洗澡的乐趣中，怎么会乐意被别人打断呢？

宝宝已经形成了自主决定的习惯，什么时候要洗澡，什么时候停止洗澡，洗澡时浴盆里要放什么样的玩具，宝宝都想要自己决定，而不是由家长来决定。

妈妈怎么做

让宝宝自己决定。妈妈不要时刻左右宝宝的想法，为宝宝做决定，而是应该学会尊重宝宝的意愿，由宝宝决定自己的事情。妈妈可以提醒宝宝，比如，该洗澡了，宝宝却在玩积木，妈妈可以说：“等宝宝玩完积木时，妈妈就要给宝宝洗屁屁了！”看到宝宝玩完了，妈妈提醒宝宝：“好了，到洗屁屁的时间了！宝宝快把小鸭子（玩具）一起赶下水吧！小鸭子也脏兮兮的了！”这样宝宝就会逐渐体会到洗澡是应该做的事，并非常乐意去洗澡。

第二节

读懂孩子心理，顺利度过叛逆期

“我要很多很多好玩的”——任性哭闹

许多妈妈都有同感，一旦带宝宝上街，宝宝就会见什么要什么。不给宝宝买，宝宝就会当场大哭大闹、摔东西、躺在地上不起来，引来很多人围观，让妈妈好没面子。妈妈给宝宝买了这个，宝宝一会儿还会要那个，没完没了。

宝宝见什么要什么，妈妈还怎么敢带宝宝上街呢？

孩子的心声

人人都在买，我也要买，我要买很多很多。

解读

一到超市，宝宝往往想要这要那，一旦要求没有满足就会任性哭闹。原因主要在以下几个方面：

1.超市里琳琅满目的商品深深地吸引了宝宝，在这么多诱惑面前，小小的宝宝怎能扛得住呢？

2.具有超级模仿力的宝宝，看到大人们都在“拿”自己喜欢的东西，那么在宝宝的意识里，他也完全可以像大人那样随意“拿”自己喜欢的东西了。

3.妈妈带宝宝来超市之前根本没有告诉宝宝是去买什么。所以喜欢要东西的宝宝，自然不懂得这些好东西是不允许随便“拿”的了。

妈妈怎么做

告诉宝宝此行的目的。比如，逛超市前妈妈对宝宝说清楚是去买什么。“宝宝，我们要给外婆买冰糖。到时候由宝宝给外婆送去好不好？”宝宝就会明白这次是有任务的。

给宝宝一定的选择权。在超市里，妈妈可以让宝宝选择一样自己爱吃的零食，让宝宝自己去挑选，宝宝就会有很大的成就感。为避免宝宝挑花了眼，妈妈可以让宝宝在某一类商品里挑。比如，“宝宝喜欢吃哪种饼干？自己挑一盒吧！”

逛超市的时间长短要适度。时间过短，宝宝还没有尽兴，没有满足自己的心理需求就会容易哭闹；时间太长，超市的嘈杂环境容易让宝宝感到疲倦，引起宝宝烦躁，因此妈妈要掌握好时间。

“别把我的小脸擦来擦去”——不喜欢洗脸

婷婷是一个漂亮的宝宝，却不爱洗脸。玩耍了一天后，小脸和小花猫一样，妈妈见状想给婷婷洗脸，婷婷哭闹着死活不愿意，宠爱婷婷的奶奶连忙过来解围：“好，好，宝宝不洗！”妈妈只好暂时作罢，过一会儿又得连哄带骗给婷婷洗脸。每次都大费周折，气坏了妈妈。

孩子的心声

我自己的小脸，每次都被妈妈弄来弄去的，我才不愿意呢！

解读

宝宝不愿意洗脸，很可能是因为曾经有过不愉快的经历。很多家长在给宝宝洗脸的时候，根本不注意方式，通常会按照自己的感觉给宝宝洗脸。妈妈有时给宝宝洗脸的毛巾过大，擦宝宝的小脸时，宝宝的整个脸都会被盖住，宝宝会有憋闷之感，从而产生恐惧。在洗脸的过程中有的妈妈动作不够轻柔，甚至有些粗鲁，抓住宝宝的小脸没完没了地擦洗，弄疼了宝宝娇嫩的小脸。有时妈妈给宝宝洗脸所用的毛巾质地不够柔软也会伤到宝宝的小脸蛋。很多因素都可能导致宝宝讨厌甚至惧怕洗脸。

因此，遇到宝宝不愿意洗脸时，妈妈要仔细分析原因，并及时纠正，不要生拉硬拽强迫宝宝洗脸，否则就会造成宝宝越来越讨厌洗脸。

妈妈怎么做

妈妈要注意洗脸的技巧。给宝宝洗脸时，妈妈的动作一定要轻柔，一点儿一点儿地洗。宝宝通常会喜欢色彩多样、有卡通图案的小毛巾，妈妈不妨让宝宝自己来选择小毛巾。

教会宝宝自己洗脸。可以通过教宝宝洗脸来让宝宝体验洗脸的乐趣。妈妈可以对宝宝说："宝宝学会了洗脸，就会给自己的小白兔（玩具）洗脸了。小白兔特别爱干净，需要每天给它洗脸，否则小白兔会生病的。就像妈妈每天要给宝宝洗脸一样。"宝宝在小白兔洗脸的过程中，进一步了解洗脸的意义。

采取循序渐进的方式。宝宝不喜欢洗脸的习惯不是一天形成的，所以妈妈一定不要心急，不要指望宝宝一天之内就完全接受洗脸。妈妈要循序渐进地通过温柔的方式，让宝宝渐渐认识到洗脸原来并不是一件可怕的事情。

宝宝流鼻涕时不能不断地擦。宝宝的免疫力差，很容易感冒，有的宝宝一感冒，鼻涕就会止不住地流。见此情景，爱干净的妈妈就会忍不住总给宝宝擦。可怜宝宝细嫩的皮肤哪里架得住这样"蹂躏"？没几次宝宝的鼻子就被擦得红红的，又疼又痒。宝宝再也不能忍受妈妈的"进攻"了，于是再擦时，宝宝就开始"自卫反击"了。遇到宝宝不停流鼻涕的情况，妈妈的正确做法是，用柔软的纸巾轻轻地粘掉宝宝的鼻涕。同时要让宝宝学会自己擤鼻涕，正确的做法是，一只手按住一个鼻孔，另一个鼻孔用力擤，切忌两边同时擤，否则容易造成鼻涕逆行进入耳朵，引发中耳炎。

一旦宝宝鼻子发红发痒，妈妈要用温水给宝宝清洗一下，然后给宝宝红肿的皮肤上抹一些宝宝霜，以缓解宝宝皮肤的不适。

"我还不想睡觉"——精力旺盛

最近一段时间宝宝突然变得精力特别旺盛，到睡觉的时候也不愿意睡觉，总想玩、看电视、听故事、做游戏……总之就是不愿意合眼。讲了半天故事、唱了半天催眠曲的妈妈直打瞌睡，睁眼一看，宝宝的眼睛依然睁得大大的，自己玩得正起劲儿呢。

孩子的心声

爸爸每天都玩计算机玩到很晚，为什么妈妈总是让我睡？等我玩够了我就睡。

解读

很多3岁的宝宝都存在着睡觉难的问题，造成这种现象可能会有以下几种原因：

没有睡意。这个阶段的宝宝有着旺盛的精力，他们丝毫不想因为睡觉而耽误自己玩耍的时间，除非实在是疲倦不堪了。

惧怕孤独。有的宝宝在还没有足够的勇气独自面对黑暗时，就被妈妈强行放在另一个房间了。宝宝因为害怕黑暗、害怕孤独，从而不愿意睡觉。

家长的影响。如果宝宝的爸爸妈妈是“夜猫子”，宝宝很大程度上也会受到影响。“天晚了，可爸爸还在打游戏呢，妈妈还在看电视呢，我也要多玩一会儿。”

宝宝睡觉前有更多的需求。宝宝大了，睡觉前需要妈妈给自己讲一个故事，还要妈妈拍拍哄哄才能睡。

每个宝宝睡前程序各有不同，为了让宝宝有良好的睡眠质量，每个爸爸妈妈都会有一套让宝宝安然入睡的妙招：有的妈妈准备了一抽屉轻音乐和摇篮曲的音乐DVD，睡前播放给宝宝听；有的妈妈则为宝宝准备了《希腊神话》《格林童话》《十万个为什么》等儿童读物，在宝宝睡觉前为宝宝读上几个故事来陪伴宝宝入眠；有的宝宝喜欢玩耍到疲倦了才能睡，所以需要爸爸妈妈有一个人来陪宝宝做游戏，一起玩一会儿再睡……每个宝宝的性格、习惯不同，妈妈不需要学习别人的模式，只需要在日常生活中开发一套适合自己宝宝睡眠的方式即可。

妈妈怎么做

良好的作息规律。为了让宝宝养成规律的睡眠习惯，爸爸妈妈以及家庭中每一个成员都必须养成早睡早起的良好习惯，将“夜猫子”现象消灭。另外，睡眠的程序也要规律，比如，晚上9点是睡觉的时间，到了9点，妈妈就要告知宝宝：“到睡觉的时间了，宝宝该钻被窝了！”如果宝宝还想玩一会儿，妈妈就可以说：“宝宝想不想知道，怪物史莱克怎么样了？快，躺在被窝里，妈妈就给你讲！”规律一旦养成，爸爸妈妈就要坚持，比如节假日，爸爸妈妈可能会晚睡，这样宝宝就会认为，规律是可以被打破的，小家伙就会以乖、听话等作为讨价还价的理由。

家居环境要安静、温馨。过于嘈杂的环境不利于宝宝身心健康，尤其在宝宝的睡眠时刻，家里要尽量保持安静的环境。

饭后睡前的运动。如果宝宝精力过于旺盛，天气好的情况下，妈妈可以在晚饭后带宝宝出去走走，天气不好，也可以在家里做点儿耗费体力的小游戏，比如藏猫猫。这样宝宝的睡意就会随着体力的消耗很快来临。

消除宝宝内心因黑暗孤独产生的恐惧。宝宝不愿意睡觉很可能是因为独处一室加之黑暗带来的恐惧造成的。所以，妈妈可以将宝宝的卧室布置得温馨一点儿，给怕黑的宝宝留一盏温馨的小灯，让宝宝的卧室里有昏黄的光线，待宝宝睡着后再关闭。另外，在宝宝的卧室里多摆放点儿玩具，妈妈可以说：“瞧，有小公鸡、小棕熊、小鸭子，还有洋娃娃陪着宝宝一起睡呢。原来有这么多朋友哪，宝宝不怕！”

即便养成良好生活规律的宝宝，有时也难免会不按规矩办事。其实，不用说宝宝，就连大人也会有管不住自己的情况发生。所以，妈妈首先要理解宝宝。比如，宝宝玩得开心，今天说什么也不按时睡觉了，妈妈劝阻，宝宝就会哭闹抗议，这时候妈妈就应该适当妥协，但不是无条件妥协，要和宝宝讲条件，比如这次依了宝宝，以后宝宝就一定要按时睡觉，以此来约束宝宝。

“我不要爸爸抱”——故意撒娇

2岁半的苗苗是爸爸的掌上明珠。爸爸宠爱得不得了，一下班就抱着苗苗亲个不停。可是最近苗苗突然疏远了爸爸，再也不愿意让爸爸抱，小嘴里还不停地说：“我不要爸爸！”爸爸伤心了，对妈妈埋怨道：“这孩子怎么了？怎么不认爸爸了？如今抱抱都不成！”妈妈不无得意地说：“女儿是妈妈的心头肉，跟妈妈才是最亲的。”几天下来，苗苗依旧“排斥”爸爸，这回妈妈也着急了：宝宝是不是心理有问题了？

孩子的心声

我知道爸爸不会生我气的。

解读

被自己最爱的宝宝“拒绝”，家长难免会有失落感。事实上，不仅爸爸，许多妈妈也会遇到被拒绝的情况，只不过妈妈被排斥的概率比爸爸要低得多。因为宝宝聪明的小脑瓜非常明白，“得罪”妈妈的“危险性”

系数要比爸爸大，所以宝宝将可怜的爸爸作为首选发泄对象。其实，宝宝“排斥”“拒绝”自己最亲密的人，是一种情绪宣泄的方式，并没有其他复杂的含义。这并不说明，宝宝就不爱爸爸妈妈了。不久，宝宝就会和爸爸妈妈亲密如故。

一种观点认为，孩子在成长的过程中，会尝试着把自己的影响施加到周围的环境中。宝宝的拒绝、排斥家长和前文所讲的“黏人”，实际上都是宝宝想象力和记忆力增强的表现，宝宝通过这一行为，在向家长展示他完全可以跟不同的人建立不同的关系。

另一种观点则认为，宝宝之所以会“拒绝”家长，是因为宝宝深爱爸爸妈妈，同时宝宝也相信爸爸妈妈深爱自己，这种自信，让宝宝不会有任何后顾之忧。

妈妈怎么做

淡化处理。被宝宝暂时“抛弃”的家长，大可不必生气上火，可利用此难得的机会做点儿自己一直无暇做的事情，也可以分担些家务来做。在宝宝面前，妈妈不能对宝宝这一行为进行变相认可。比如，见到宝宝不理爸爸，妈妈切忌说：“好，我们不理爸爸，宝宝和妈妈玩。”这样会让宝宝认为自己这一行为是正确的，从而变本加厉。

重新建立和宝宝之间的关系。面对宝宝的“抛弃”，爸爸不要灰心，可以通过一些游戏和生活习惯来重新确立和宝宝之间的关系。比如，被抛弃的爸爸可以加入到宝宝和妈妈的游戏中来，承担妈妈完不成的任务，比如“骑大马”游戏。再如，更多地参与宝宝的睡前程序，如担当起为宝宝讲故事的义务。这样宝宝就会很快和爸爸腻在一起。

面对“抛弃”，不能随意抛“橄榄枝”。对待宝宝的抛弃，除了第二点所建议的“橄榄枝”可以抛外，并不是所有“橄榄枝”都可以随意抛的。比如，以物质利益换取宝宝的再次垂爱，“被抛弃”的爸爸可能会说：“宝宝，让爸爸抱一下，爸爸就带宝宝吃去肯德基，怎么样？”这样一来，宝宝虽然很有可能“就范”，但宝宝也学会了要挟爸爸的另一个技能。

“我讨厌妈妈”——叛逆

处在叛逆期的宝宝，越来越不听话，不仅如此，还会经常和爸爸妈妈发生摩擦。很多妈妈都对老公抱怨过：“这孩子，真管不了了，学会犟嘴了！要是管得严点儿，小家伙还会大声嚷嚷着说：‘妈妈，我讨厌你！’你说让人伤心不伤心？”

孩子的心声

我不是真的讨厌妈妈，是因为我没有尽兴，妈妈老是来阻止我。

解读

其实妈妈遇到的这一情形，和爸爸遇到的“抛弃”是很相似的，都是宝宝发泄情绪的表现。随着宝宝的成长，驾驭语言的能力逐渐加强，宝宝就会以更平和的方式来表达自己的情绪。

妈妈怎么做

善于沟通。妈妈保持平常心态，在尊重宝宝的前提下进行沟通很关键。遇到宝宝说讨厌自己，妈妈首先要想到是不是自己哪里做错了，忽略了宝宝。妈妈可以以此为切入点和宝宝沟通。妈妈可以问宝宝："宝宝怎么了，为什么这样说呢？是不是妈妈哪里做错了？来和妈妈讲讲。"这样就可以拉近和宝宝的距离，让宝宝倾诉自己的心声。面对宝宝的"气愤"，如果妈妈满腹委屈："啊！小没良心的，居然这样说妈妈！反了你了！"这样说，妈妈不仅会伤害自己，而且会伤害宝宝。

让宝宝体会到妈妈难过的心情。如果宝宝说很讨厌妈妈，妈妈和宝宝在进行有效沟通时，要及时表达自己的难过，让宝宝知道这句话是伤妈妈心的。

引导宝宝进行正确表达。宝宝还小，语言表达能力还不够完善，可能这句话并不是最准确的表达。所以，爸爸妈妈要根据具体的情况及时帮宝宝调整情绪，纠正错误的表达方式。

"我就是要打扁你"——变得爱打人

欢欢是一个特别活泼的宝宝，经常和小朋友一起玩耍。可是最近令妈妈头疼的一件事就是，欢欢和小朋友们玩得好好的，会突然动手打小朋友，还会边追着小朋友边喊："我就是要打扁你！"妈妈多次对其进行批评教育都不奏效。

孩子的心声

不按照我说的做，我就打你。

解读

宝宝打人，可能会有以下原因：

外界因素影响。比如爸爸妈妈的教育方式以及爸爸妈妈的行为。宝宝在第一次打人时，爸爸妈妈并未阻止，反而怂恿宝宝："别人打你，你就打他！""你怎么这么笨啊，别人欺负你，你不会打他吗？"这类教育方式必然会使宝宝认为，打人不仅不是错误行为，反而是防止别人欺负自己的有效手段。另外，宝宝有很强的模仿能力，如果爸爸妈妈在解决日常生活中的问题时带有暴力倾向，宝宝也就很容易有这种倾向。或者宝宝从电视、生活中曾经见到过打人的情形，因此学会了打人。

自身因素影响。宝宝打人可能是单纯的情绪发泄，比如因为烦躁、生气、困倦等。

妈妈怎么做

给予宝宝足够的关注。宝宝变得爱打人，可能是因为生活中大人对宝宝的关注度不够，忽略了宝宝，宝宝想通过打人来引起家长的注意。即使每次打人都会引起爸爸妈妈哪怕是批评的关注，宝宝也会得到一定程度的满足。

教宝宝如何正确表达。宝宝打人，只是想表达某种情绪，因为宝宝还不能准确表达所有的情绪，往往会发生偏差。这个时候就需要爸爸妈妈耐心观察宝宝真实的需求，如果是宝宝想买玩具，妈妈可以说："宝宝是不是喜欢上橱窗里的玩具了？以后宝宝想要就直接和妈妈说要这个，宝宝可以指给妈妈看。"慢慢通过引导，宝宝就会逐渐学会更准确的表达方式。

宝宝经常和一起玩的小朋友打架，不能简单认为宝宝很淘气，欺负别的小朋友。排除因为情绪不好这一因素，很可能是因为宝宝特别喜欢这个小朋友，只是不知道如何表达罢了。这时妈妈要教给宝宝与小朋友相处的正确方式，妈妈可以买一些宝宝喜欢吃的零食，让宝宝分给其他的小朋友，让宝宝逐渐明白，要将自己喜欢的东西与朋友共同分享。这样宝宝会慢慢学会如何表达对朋友的喜爱。

正确引导被娇惯坏了的宝宝。可能是因为家长平时过分溺爱，养成了宝宝蛮横的性格。对于这样的宝宝，妈妈必须进行批评教育和及时纠正。

营造和谐温馨的家庭氛围。如果爸爸妈妈彼此相敬如宾，家庭氛围温馨，久而久之宝宝就会被这种氛围所影响，变得懂礼貌。反之，宝宝就会变得暴躁、无理。时间久了小朋友就会逐渐地远离宝宝，这对宝宝的成长极其不利。

因此在生活中，对于是非原则问题，妈妈一定要让宝宝清楚，打人是不对的。当宝宝犯错时，就应进行批评教育，绝不能姑息纵容。

“天热戴绒帽，天冷穿短裙”——喜欢按自己的规则来

2岁4个月大的兜兜，变得让妈妈哭笑不得。夏天这么热，兜兜会戴着冬天时爷爷买给她的鸭绒帽子。看着满头大汗、小脸通红的兜兜，妈妈忍不住想帮着小家伙摘下帽子。谁知小家伙紧紧护住帽子，大有谁要是摘她的帽子，她就跟谁没完的架势。到了秋天天气凉了，兜兜却又迷恋上了夏天穿的裙子。这一颠倒时令的“兜兜穿衣法”，让妈妈着实大惑不解。

孩子的心声

我喜欢的东西，妈妈为什么不让我穿戴？

解读

很多妈妈会以为宝宝的这一行为，和前文所讲的1～2岁宝宝的“恋物”行为是一回事儿，是宝宝对某件衣服或玩具产生过分依赖所致，并通过“恋物”来满足自己的内心需求。其实不然，2～3岁的宝宝和1～2岁的宝宝最大的不同就是自我意识和独立意识加强，这个时期的宝宝更愿意表达自己的意愿，自己对事情进行掌控。因此，对于父母事事想帮忙做决定的做法，会有很大的不满，甚至会有抵触行为。宝宝不合时宜地穿衣，一方面表明了宝宝强烈的自我做主意识；另一方面也说明了宝宝对事物的认识还很不完全，只是单纯喜好情绪的表达，而缺乏是非意识的判断。

妈妈怎么做

对于宝宝一些固执己见的古怪行为举止，妈妈不要大惊小怪，不必过分担心。

在一定程度上满足宝宝自我做主的需求。这个时期的宝宝有很强的自我意识，他们会更多地在乎自己的感受，通过自我做主，来体验不同事物带给他们的不同感受。所以，在日常生活中，妈妈在无关紧要的小事上可以试着让宝宝自己做决定。比如，吃饭时，妈妈可以让宝宝选择自己喜欢的小碗和勺子；早上穿衣服，妈妈也可以让宝宝选择今天穿什么样的衣服，然后妈妈再给宝宝一些建议。这样宝宝就不会在自主做决定上，感到有多么稀奇了。

不要和宝宝对着干。当宝宝顶撞父母，触及爸爸妈妈作为父母的尊严时，很多爸爸妈妈就会训斥宝宝，甚至打骂宝宝。这样做的结果可想而知，即便宝宝最后不得不遵从父母的意愿，也不是心甘情愿的，骨子里的叛逆情绪会更强烈。很多妈妈在聊天时也会经常说：“这孩子怎么打怎么骂都不行，越来越不听话了！”这就是和宝宝对着干的结果。所以，妈妈要尊重宝宝的意愿，既然宝宝坚持了，那就让宝宝坚持，妈妈要做的是将影响降到最小。比如，宝宝冬天一定要穿夏天的裙子，也许是想体验一下与众不同的感觉，让所有的小朋友都关注他，但是妈妈不能让宝宝冻着，可以让宝宝穿上棉衣，把小裙子穿在外面。这就在一定程度上满足了宝宝自主做决定的心理。

第三节

叛逆期里奇特的行为和心思

“不是不想和别人玩”——语言能力尚在发展中

3岁的宝宝已经具备了简单的语言沟通和表达的能力，这时的妈妈们也会经常带宝宝到公共场所和其他宝宝一同玩耍。妈妈本想，宝宝与宝宝见面虽不至于“老乡见老乡，两眼泪汪汪”那样，但至少也应该有“同类”相遇的相识恨晚吧。可是，很多妈妈发现宝宝之间咿咿呀呀一番后，他们都不知道对方在说什么，便很快彼此失去了耐心，各玩各的了，甚至有的还会动手打架。

孩子的心声

我很想和别的宝宝聊天，但不知道怎么做。

解读

这个时期的宝宝虽然已经有了一定的语言表达能力，但是宝宝的很多心意依然无法准确、完整地表达出来，需要爸爸妈妈用心去猜测。有时也只有爸爸妈妈才能听懂宝宝“嗯嗯啊啊”所表达的真正意思。当宝宝听到另一个宝宝的“嗯啊”时，他就会感到大惑不解，很快失去继续交流的耐心。但是，这种现象也不会一直持续下去。随着接触时间的增多，宝宝之间就会渐渐互相了解，沟通障碍逐渐减少。3岁以后，宝宝语言能力进一步加强，这种现象就会逐渐消失。

妈妈怎么做

让宝宝多与其他宝宝交流，创造多与其他宝宝玩耍的机会。宝宝在和其他宝宝玩耍游戏的过程中，会逐渐建立起默契，通过对同一事物的共同表现，可以增强彼此的了解，并且激发他们进一步了解对方的欲望。

引导宝宝完整表达自己的情感。宝宝经常会通过只言片语来表达自己的意愿，如“吃吃”“打”“不要”“我的”等词语，这只有和宝宝朝夕相处的父母才能够完全听懂，其他宝宝就很难懂。所以，妈妈要教宝宝在表达时说完整的话，比如宝宝说“不要”，妈妈可以对宝宝说：“宝宝是不是要说，不要动啊？”这样宝宝就会逐渐学会将意思表达完整。

教宝宝一些社交常用语言。如“你好，我们一起玩吧！”“这个是我的，给你玩！”“谢谢！”等。这样可以使宝宝在和小朋友交往的时候更轻松一些。

喜欢大反派——宝宝是非不分吗

2岁半的萍萍最爱听妈妈讲故事了，她对每一个故事都百听不厌。每当妈妈问萍萍喜欢里面什么样的角色时，令妈妈不解的是，萍萍喜欢的都是故事里的反面角色，如《母鸡萝丝去散步》里面的狐狸、《三只小猪》里面的大灰狼、《草原动物》里的鳄鱼等。本来妈妈想通过故事来告诉萍萍什么是坏人、什么是好人，谁知萍萍却好坏不分。

孩子的心声

大灰狼被烧死了，多可怜啊！

解读

宝宝的情感往往是最真实、最纯洁，也最直接的。宝宝并不懂得谁是正面角色，谁是反面角色，他们会把故事里的角色当成自己的朋友来看，无论哪一方受到伤害、捉弄、打压，都会引起宝宝的悲悯之心。日常生活中，童话故事也好，寓言故事也罢，都会有意无意地宣扬一种恶有恶报、善有善报的道理，于是故事里的反面角色大都得不到善终，因此会成为宝宝同情甚至喜欢的对象。即便妈妈告诉宝宝那是坏蛋，宝宝也是无法理解的。

妈妈怎么做

对于宝宝的“是非不分”，妈妈不要过于担心，随着宝宝的成长和接触事物的增多，宝宝会慢慢理解不同角色的不同含义。

“饰演角色”游戏。将故事搬进生活，妈妈通过让宝宝饰演角色来切身体验角色带来的真正感受。宝宝会因喜欢反面角色而争着扮演，在扮演的过程中，宝宝会逐步体会坏蛋之所以会被惩罚，是因为它们事先都做过很多坏事。

多让宝宝接触有益的儿童故事图书。书是人类精神的食粮，好的儿童图书可以弥补现实生活有限造成的宝宝知识经验不足，还可以教会宝宝更为丰富的人生哲理。随着宝宝智力发育的不断成熟，宝宝会逐渐形成善恶是非的判断力，并知道如何做才是正确的。

难缠的“小赖皮”——孩子的安全感需求

芝子已经2岁半了，小家伙以前一直是妈妈亲自带着，后来妈妈准备外出工作，就将远在千里之外的奶奶接来看孩子。谁知，妈妈刚上班没几天就无法再工作下去了，家里被芝子闹翻了，奶奶的血压也一路攀升，实在弄不了了。原来，芝子一直被妈妈照顾，她对妈妈有了强烈的依赖感，妈妈到哪儿，她就要跟在哪儿，见不到妈妈，芝子就会大叫“妈妈，妈妈”，弄得妈妈就像袋鼠妈妈一样，走到哪儿，就要将芝子带到哪儿。

黏人的芝子让妈妈疲惫不堪，好不容易等到了断奶，妈妈要工作，让奶奶来带宝宝，可是每次妈妈一出门芝子就会哇哇大哭，弄得像母女诀别一样。刚开始，妈妈想习惯就好了，强硬纠正几天，芝子就会和奶奶亲近起来。可是几天下来，奶奶苦不堪言，芝子从早到晚，一有空闲就会想妈妈，玩得好好的也会突然大哭着要妈妈。奶奶使出了浑身解数来逗小家伙玩，可是没一会儿，小家伙就又会想妈妈而哭闹不止。无奈，一气之下妈妈辞了职，又回到了家里。

孩子的心声

我离不开妈妈，我爱妈妈，有妈妈在我才觉得安全。

解读

宝宝过分黏人通常会包括几种情况：

过分依赖一个人，如妈妈。这种孩子往往缺乏足够的安全感，过多地依赖妈妈，通常表现为和妈妈形影不离，很多事都要靠妈妈帮忙解决，缺少一定的社交能力，因此多会出现人际关系不好的现象。

过分依赖的不止一个人，而是两个或更多的人。

中国很多家庭都是多个人共同带一个孩子。如爷爷奶奶、外公外婆、爸爸妈妈轮流替换着带孩子，这样宝宝在独立成长的过程中，往往会受着多方复杂因素的影响。宝宝会不同程度表现出对几方的共同依赖。

父母喜怒无常。有些父母高兴时愿意让宝宝黏着自己，甚至自己还黏着宝宝，可是心情糟糕时就会冷落宝宝，甚至会生硬地推开黏人的宝宝。这样就会让宝宝对父母的爱缺乏安全感，变得越发黏人。

妈妈怎么做

给予宝宝更多的宽容。这一时期，宝宝对安全感有强烈需求，父母要尽量理解宝宝的这一心理需求，给宝宝更多的安全感，而不应因为工作等原因忽略宝宝。对于宝宝“哭闹”黏人，更不应该打骂宝宝，否则会造成宝宝安全感的严重缺乏。另一方面，妈妈也不要走向另一个极端，过分溺爱宝宝，否则会造成宝宝更加依赖。

让爸爸更多地参与育儿。爸爸通常是家里的顶梁柱，所以经常会奔波在外，陪伴宝宝的时间有时候就会很少。有些家长认为，只要妈妈多担待一点儿不就可以了吗？实则不然，父爱和母爱在宝宝的心目中是不能互相替代的。父亲带给宝宝的是男子汉角色，是顶天立地的角色，是独立的象征，因此，爸爸经常陪宝宝一起玩，宝宝就会有更强的独立性。反之，缺少父爱的宝宝往往会更加依赖妈妈，独立性会很差。

给宝宝提供安全温馨的家庭环境。家庭环境不仅包括舒适安全的家居环境，更包括充满父母关爱的家庭氛围。面对宝宝的安全需求，爸爸妈妈要尽量多响应。比如，经常给宝宝一个拥抱，一个甜蜜的亲吻，经常对宝宝说："妈妈很爱你"……会增强宝宝的安全感和自信心。在宝宝的小房间里多布置些温馨的小玩具、儿童图画等，在宝宝睡觉或不开心时放一些舒缓轻松的音乐，都可以缓解、释放宝宝内心的不良情绪。

培养宝宝自己做决定的习惯。平时妈妈可以有意识地锻炼宝宝做选择的能力。在一些小事上，可以让宝宝自己决定，比如，是先洗澡还是先玩游戏，是穿红色的衣服还是穿黄色的衣服等。

乱扔玩具——自控能力还很弱

在幼儿园里，毛毛是一个非常听话的宝宝，玩玩具时很守规矩，每次只拿一个玩具玩，而且玩完后会乖乖地将玩具放回原处，老师总夸奖毛毛是个好孩子。可是一回家小家伙就完全不是这样了，自己的玩具扔得满地满床都是，妈妈让毛毛将玩具收拾好，但是毛毛把妈妈的话当耳旁风，依然我行我素。毛毛为什么只听老师的话，而不听妈妈的话呢？

孩子的心声

在幼儿园，很多小朋友一起收拾玩具，在家里我一个人要收拾这么多玩具，真是麻烦！

解读

宝宝自控能力还很弱，对于独立收拾这么多玩具的复杂任务，宝宝肯定很难胜任了。

妈妈怎么做

培养宝宝自己的事情自己做的习惯。从点滴做起，妈妈要让宝宝养成自己的事情自己做的习惯，妈妈不要轻易帮忙收尾。

将“任务”转化成游戏。枯燥的工作谁也不愿意做，更别说宝宝了。但是换一种角度，枯燥的工作也可以变成非常有意思的游戏。比如，将收拾玩具看成是送小动物们回家找妈妈。妈妈可以说：“天黑了，大灰狼就要出来了，宝宝赶紧送小动物们回家找妈妈吧，不然就会有危险呢！”宝宝就不会再把收拾玩具当成简单的任务来完成了，久而久之就会使宝宝养成有条理、爱整洁的好习惯。

将玩具归类整理。妈妈将不同的玩具放到不同的收纳箱（可用废旧纸箱或鞋盒）里，宝宝在找玩具的时候就不会盲目乱翻一气，将玩具弄得满屋都是了。同时也可以让宝宝养成物归原处的良好习惯。

无缘无故也会哭——寻求关注

很多妈妈发现2岁多的宝宝变得特别爱哭，而且无缘无故就会哭，有时玩得好好的就会突然哭一场，没人理他，一会儿就没事了。有时宝宝还黏着妈妈要这要那，稍不顺意也会哭，一天下来，家里经常会传出宝宝的哭声。

孩子的心声

没人理我，我好无聊啊！

解读

宝宝哭得频繁，除了生病因素，一般会有以下几方面的原因：

遭受冷落。这个时期的宝宝独立性加强，和爸爸妈妈的直接联系也会减少。爸爸妈妈往往会减少对宝宝的关注，而忙于其他事情。这样，宝宝会变得不安，所以会通过黏人、哭闹来引起大人的关注。

枯燥无聊。这个时期的宝宝充满好奇心，他们需要大量新奇事物来满足自己的这一需求。对于同样的东西，宝宝也会很快失去兴趣，然后不断地去探索新的事物。如果周围的事物单调重复，就会使宝宝感到枯燥无聊，宝宝会通过哭闹来引起家长的注意。

妈妈怎么做

对宝宝的关爱不可减少。宝宝自我行动能力加强，吃喝拉撒睡，在一定程度上已经能够自己解决，但这并不代表爸爸妈妈就能“偷偷懒”，减少对宝宝的关注。相反，这个时期宝宝更需要大人的关爱和呵护，需要爸爸妈妈时时陪伴在自己的身边，这样才能变得有安全感。

不断创新，激发宝宝从不同角度感受新事物。宝宝的好奇心是无止境的，而且对同一个事物很快就会失去好奇，重新寻求新的“奇特”事物。鉴于家庭条件有限，家长的精力也有限，爸爸妈妈可以引导宝宝从不同角度、不同方式来认识同一个事物。比如，装沙车游戏，宝宝可能会很快玩腻往车里装沙子的做法，妈妈可以引导宝宝把沙子运往另一个地点，然后再将沙子卸下来，或者，让宝宝用小沙车装运菜叶等其他东西，一个游戏可以有多种不同玩法，妈妈可以引导宝宝进行不同尝试。一方面可以满足宝宝的好奇心；另一方面还可以培养宝宝探索新事物的能力，以及多角度思考问题的能力。

情绪变化快——需要学习正确表达情感

快3岁的娜娜，在除夕夜和爸爸来到河边看烟花，看到天空中姹紫嫣红的烟花，听到众多小朋友的欢呼，娜娜高兴得直拍手。拍着拍着，小家伙却突然转向爸爸，大叫着“爸爸”，然后一头扎进了爸爸的怀里。对于这一突然的变故，爸爸问：“宝宝怎么了？”娜娜兴高采烈的小脸却变得满脸阴云，挣脱爸爸的怀抱，跑到一边，低头用力踩着小石子。此刻爸爸的头脑里打了一个大大的问号。

孩子的心声

我好高兴，只是不知道怎么说出来，憋在心里真难受。

解读

宝宝的语言系统还没有发展完善，小家伙极其敏锐的感觉、异常活跃的大脑，让他的语言已经跟不上自己的感受了。因此这个时候的宝宝会用肢体、行动、表情来协助语言共同表达他们内心真实的感受，这种表达是直接而单纯的，没有大人头脑中那些复杂的逻辑因果关系："为什么不高兴？""是谁惹着宝宝了？"……在大人眼里，原因似乎是最重要的，却忽略了宝宝最真实的感受。其实，宝宝并不关心这些，他只想说自己"高兴""不高兴"，而没有为什么。

爸爸妈妈的复杂，无法理解宝宝的简单，一旦不被理解，宝宝就会有不被认可的感觉，因此会变得不开心。

妈妈怎么做

不要过多追问为什么。对于宝宝的开心或不开心，妈妈不要过多追问原因。不要以为这个原因不值得哭，宝宝就不应该哭。宝宝不开心了，妈妈只需要多抱抱宝宝，多安慰一下宝宝；宝宝很开心，妈妈也要表现出非常开心的样子，鼓励宝宝开心。这要比追问原因更有意义。

教宝宝如何表达完整。妈妈应该教宝宝通过一些方式来表达自己的情感，如信笔涂鸦、唱歌等。另外，妈妈可以进行语言引导，如宝宝不开心时，妈妈要尽量耐心猜出宝宝的真正心思，然后问："宝宝是不是因为妈妈不抱就不开心了？以后宝宝要妈妈抱，可以和妈妈说：'妈妈，抱抱，抱抱！'妈妈就知道了！"这样一来宝宝也会逐渐学会更多的语言。

做好亲子工作。爸爸妈妈要尽量多抽出时间来陪宝宝，不要将日常生活安排得过于机械。如宝宝洗脸时，爸爸妈妈不能因为赶上班时间，就急匆匆洗完脸了事，而应借助洗脸的机会，多和宝宝亲密接触沟通一下，比如洗脸时妈妈可以说："宝宝洗完脸就会是人见人爱的干净宝宝了，来，自己动手吧！"待洗完脸后，妈妈可以在宝宝的小脸蛋上亲一口。这样宝宝就会在父母的关爱中学会更准确地表达情感。

重复听同一个故事——喜欢熟悉的事物

2岁11个月的康康特别爱听故事，尤其爱听《勇敢的小裁缝》，简直是百听不厌。每天康康都要让妈妈重复讲这个故事，以至于后来妈妈一讲这个故事就头疼恶心，可小家伙依然听得津津有味。

孩子的心声

我很喜欢这个故事，并且知道妈妈怎么讲，瞧我多棒！

解读

妈妈不必担心宝宝这种只认准一个故事的现象，这属于宝宝成长期的一个必然现象。

宝宝通过不断重复感知同一个事物而加深对该事物的认知，甚至能够最终熟练掌握这一事物，这时宝宝对事物的感受会区别于肤浅的接触认知。同时也会在很大程度上给予宝宝一定的成就感，增添宝宝学习新事物的耐心和兴趣。因此妈妈要理解宝宝这一行为，学会尊重宝宝，鼓励宝宝熟练掌握每一件事。

妈妈怎么做

让宝宝续接故事。对于同一个故事，宝宝已经能够熟练掌握，妈妈可以在讲故事的过程中，不时地试着让宝宝接着讲下去，如果宝宝讲对了，妈妈要赞扬一下宝宝的勤奋和认真。这样就会激发宝宝学习的兴趣。

尽量满足宝宝的重复愿望。重复是宝宝在成长过程中的一门必修课。研究表明，宝宝在不断重复的过程中，可以变得更加专注，而且可以进一步促进智力等身体机能的发育。

丰富的儿童读物。妈妈为宝宝提供了丰富多彩的儿童读物，宝宝就会适当地将精力从专注于一本书或一个故事分散到不同的书籍或故事上，这样有利于宝宝增长知识。

适当地约束宝宝无限重复的要求。对于宝宝的不断重复要求，工作了一天的爸爸妈妈可能会吃不消，这个时候妈妈可以将自己的内心感受告知宝宝，“妈妈很累了，明天再讲好不好”或者“妈妈头好疼哦，宝宝再听一次，就睡觉好不好”……同时，为了让小家伙说到做到，必须和小家伙有个正式约定，比如，拉拉宝宝的小手说“拉钩，说话算话”，这样宝宝就会信守诺言，不会对妈妈不依不饶，妈妈也能摆脱要崩溃的境地了。

一出去玩就不愿意回家——喜欢新奇感

浩宇是一个贪玩的宝宝，每天一睁眼就要妈妈带着出去玩，一出去就死活也不想回来，回到家里就哭着闹着还要出去，气得妈妈狠狠地揍了他一顿。

孩子的心声

外面什么东西都比家里有趣，就连米粥都比家里香呢！

解读

就连成人也会有不同程度的喜新厌旧情愫，宝宝也不例外。在一个环境里生活了很久，对家里的一切早已感到平淡，甚至开始厌倦了。小区里来来往往的人、变化多端的事物、与自己家有很大差异的小朋友家……无不吸引着宝宝的好奇心；另外，在外面宝宝还可以看到很多和自己差不多大的小朋友，和他们在一起，宝宝会觉得无拘无束。而回到家里除了爸爸妈妈、爷爷奶奶外，宝宝再也看不到别的小朋友了，还会受到爸爸妈妈的约束。

妈妈怎么做

认同宝宝的真实感受。宝宝不喜欢家里的这个那个，通常都是宝宝的内心真实感受，尽管不一定符合客观事实。小朋友家里的一只勺子都会胜过自己家里的精美玩具，这就是宝宝内心的真实感受。爸爸妈妈不能因此而对宝宝发脾气，甚至动手打宝宝。

妈妈可以在一定程度上约束宝宝，比如制订一些家规。规定宝宝必须回家的时间，不能随意在其他小朋友家里吃饭等，并规定相应的惩罚措施，让宝宝知道如果违反规定就会受到惩罚。慢慢地，宝宝就会养成自我约束的良好习惯。

多给宝宝些新奇感。日常生活中，妈妈可以偶尔改换一下家里的布局，或者增添一些新的事物来满足宝宝的猎奇感，防止宝宝对家里日久生厌。爸爸还可以不断扮演一些动物小角色来和宝宝进行游戏。

多给宝宝关爱。面对日益严重的社会压力，很多家长都会为了生活忙于奔波，忽略了对宝宝的关爱。这使得宝宝会从外界，比如其他小朋友的爸爸妈妈的热情款待中得到从爸爸妈妈那里得不到的爱。但无论如何，任何外界的爱和友谊都无法取代爸爸妈妈在宝宝心目中的爱。所以，爸爸妈妈不妨通过宝宝这一行为反思一下自己是否忽略了宝宝，如果是就赶紧补课吧。

受表扬反而没了向上的动力——家长要提升表扬技巧

许多妈妈认同赏识教育法，对宝宝做的事情都会尽量从正面去赞扬，因为妈妈想让宝宝变得更加自信。可明明的妈妈发现，事情并不像自己想象的那样，她发现自从那次明明独自用积木搭成了房子，全家人都称赞明明是了不起的宝宝后，明明就整天重复着搭建小房子，而不愿意再搭建别的了。小家伙动脑筋探索的动力似乎一下子没有了，玩积木的次数也明显减少了。

孩子的心声

原来大人们喜欢小房子，那么以后我就只搭小房子了。

解读

宝宝是一张白纸，将来能成为什么样的人，在很大程度上取决于爸爸妈妈的教育。因此，教育无小事，爸爸妈妈在宝宝面前一定要谨言慎行。

任何一个行为，都可能会给宝宝带来不可估量的影响。表扬也是如此，不是所有表扬都能让宝宝增强自信。有时表扬得不恰当，会带来适得其反的效果。案例中的明明就是典型的例子。

宝宝之所以出现这样的情况，是因为宝宝非常乐意得到妈妈的表扬，而且已经知道怎样做能得到表扬。于是宝宝就会重复做一件事，不愿再轻易尝试其他的事情。因为宝宝担心尝试其他事情可能得不到表扬，所以也就打消了尝试的念头。

妈妈怎么做

掌握一定的表扬技巧，妈妈就会收到截然不同的效果。

过程重于结果。注重对宝宝所做事情整个过程的赞扬，而不要只注重结果。比如，宝宝学习穿衣服，通过自身的努力，终于穿上了衣服，妈妈可以这样赞扬宝宝："宝宝自始至终都很努力，真是一个很上进的宝宝！"而不是这样说："宝宝，你终于穿上衣服了，真棒！"第一种赞扬在宝宝头脑中形成这样一个印象：我一努力妈妈就开心，以后我要多多努力。如果是第二种，在宝宝头脑中则会形成另外一种印象：我一穿上衣服妈妈就开心，那么以后我就穿衣服给妈妈看！

在第一种赞扬方式下成长的宝宝，会逐渐形成无论做什么事情都注重整个过程，而且尽力的品格。而在第二种赞扬方式下成长的宝宝，则会不敢轻易尝试除了穿衣服以外的其他事情了。

努力重于能力。对于宝宝取得的成绩，妈妈不要侧重于表扬宝宝的能力："宝宝，太聪明了！你真是个天才！"而要表扬："宝宝做的努力真让人佩服，宝宝这样努力，妈妈非常开心！"

态度重于事情。宝宝做事情的态度所具有的价值，要远远胜于宝宝所做的事情。心理学认为，态度决定行为，行为决定习惯，习惯决定性格，性格决定命运。所以从小关注宝宝做事的态度，从很大程度上就是关注宝宝未来的命运。让宝宝知道妈妈关注的是宝宝以什么样的态度对待每一件事，宝宝就会认为，只要我认真做事，就是好孩子。而不是让宝宝认为，只要我做好这件事就是乖宝宝，妈妈就喜欢。

第四章

精力充沛的4岁：读懂宝宝的行为

> 宝宝的一个重要学习期 >>

4岁是宝宝一个重要的“敏感期”，也是宝宝人生中的一个最佳学习期。此时的宝宝具有强大的好奇心和旺盛的学习动力。爸爸妈妈应该抓住这一关键时期，排除宝宝在学习过程中遇到的各种障碍，积极配合鼓励宝宝的每一次尝试。当然，这一时期的宝宝也会表现出许多让爸爸妈妈不理解甚至难以接受的行为，如变得油腔滑调、撒谎、自私不懂事、不尊重长辈等。所以需要爸爸妈妈多多理解并及时纠正这些问题。

第一节

行为与想象力变幻莫测：读懂孩子的言行

自说自话——自我语言锻炼的好途径

很多4岁的宝宝增添了一项新爱好，那就是自言自语。很多妈妈会发现，宝宝会经常一个人说得可热闹了。仔细一听，里面居然有老师说过的话，妈妈教育他时说过的话，爸爸妈妈闲聊天时说过的话，有时竟然有动画片里的对白呢！小家伙没完没了地自说自话，让妈妈觉得好笑。可宝宝老这样，妈妈不免也有些担心。

孩子的心声

我才没有一个人说话，我和我的玩具朋友们玩得正开心呢！

解读

这一时期的宝宝开始有了内心思考，自言自语正是由内心思考发出的语言，这与宝宝以前直接的外部语言有所不同。当宝宝完全沉浸在某件事情或某种游戏中时就会不自觉地自言自语，这些自言自语正是宝宝对所沉浸事物的真实场景描述，里面可能夹杂着宝宝的想象和模仿。

所以，自言自语实际上是宝宝自我语言锻炼的过程，是宝宝从外部语言转化为内部思考语言的重要阶段，爸爸妈妈要适当加以引导。

妈妈怎么做

掌握语言沟通技巧。宝宝的语言习惯和语言能力跟父母与宝宝平时沟通的有效性有很大关系。和4岁宝宝最恰当的沟通最好是你一言我一语的形式，妈妈说上句，让宝宝接下句，这样可以启发宝宝进行正确有效的语言交流。爸爸妈妈切忌使用那种说教式的沟通方式，否则不仅妨碍宝宝语言能力的发展，也会使宝宝很快失去学习的兴趣。对于宝宝的自言自语，爸爸妈妈不能打断，但可以适当激发引导。

增大反复阅读量，满足宝宝重复的需求。妈妈为宝宝朗读大量优秀的儿童读物，可以增加宝宝的阅历，丰富宝宝的日常生活。而且可以通过对某一故事的重复阅读，让宝宝熟练掌握，增加宝宝复述的机会，是有效锻炼宝宝语言能力的良好途径。

锻炼宝宝的讲述能力。妈妈可以有计划地让宝宝讲述自己的一些所见所闻及经历，锻炼宝宝的语言表达能力。

喜欢告状——寻求帮助和安慰

强强快4岁了，妈妈发现他现在特别喜欢“告状”，和别的小朋友玩时，动不动就要跑来和妈妈告状：“妈妈，弟弟不给我玩手枪了。”“妈妈，哥哥动我的小汽车了。”每次告状时，其他小朋友都会很害怕，时间久了，谁也不愿意和他玩了，妈妈很担心，这可怎么办呢？

孩子的心声

许多问题我解决不了，要妈妈来帮我解决。

解读

4岁的宝宝总有那么一段时间出现喜欢告状的现象。那么宝宝为什么变得喜欢告状了呢？

为了表现自我。这个时期的宝宝已经有了“是非”之分，他们已经能够判断哪些事情是正确的，哪些事情是错误的。当宝宝发现别的小朋友的错误行为时，就会及时在大人面前报告，一方面显示自己的判断力，另一方面想得到大人的赞扬。

寻求帮助和心理安慰。宝宝虽然能够独立做很多事情了，但是内心依然对大人存有较强的依赖心理。当他们受到欺负，自己无法解决时，一方面想寻求大人的帮助以得到自己想要的。另一方面，只是受了委屈，想得到一些心理安慰而已。

“恶人先告状”。宝宝可能是做错了事情，心生胆怯，怕大人责骂自己，于是先发制人，将过错推到别人身上。

因为嫉妒。宝宝可能是因为别的小朋友在某一方面比自己强，从而产生嫉妒心理，于是就想通过告状破坏别人的形象，以此来抬高自己。这种情形多发生在多个孩子的家庭或幼儿园，因为争宠所致。

妈妈怎么做

综合上述原因，遇到宝宝告状时，妈妈应耐心分析其真正原因，找到正确的解决办法。

转移宝宝表现的注意力。对于第一种情况，宝宝无非是想在大人面前表现自己。对于宝宝的表现，家长不要否定，应该给宝宝表现的机会，但不要过分肯定。妈妈针对这一事件可以首先转移宝宝的注意力，说："蒙蒙把水洒了，是不是湿了一身呢？那么蒙蒙肯定很冷，很难受，宝宝有没有去帮助蒙蒙换上干净暖和的衣服呢？如果宝宝帮蒙蒙穿上干净衣服，那才是真正的乖宝宝呢！"宝宝的注意力就会从表现自己逐渐转移到小朋友的身上，同时，宝宝会认为帮助他人才能真正得到家长的赞扬。以后再遇到这种情况，宝宝就会逐渐学会帮助别人了。

另外，妈妈还要通过故事告诉宝宝，学会包容别人的缺点，而不是嘲笑别人。

给宝宝以安慰，并教会宝宝独立解决问题。对于第二种原因，当宝宝受了委屈或遇到解决不了的问题时，妈妈应认真倾听宝宝的心声，并给予适当的安慰。等宝宝情绪稍好时，妈妈就要告知宝宝，再遇到这类情况时，应如何去做，才能解决问题。比如，妈妈可以说："弟弟不给你玩具玩，那你可以把自己的玩具拿出来和弟弟一起玩啊！这样弟弟也会把他的玩具拿出来和你一起玩的。"这样宝宝就会逐渐养成独立解决问题的能力。

宽容对待，正确教育。如果宝宝是"恶人先告状"，明明自己做了错事，却说别人的不是。遇到这种情况，妈妈要事先查明真相，不能只凭猜测就对宝宝发火。妈妈应先用温和的语气问宝宝，到底发生了什么，鼓励宝宝说明事情的原委。如果已经了解了事情真相，妈妈就要动之以情，晓之以理，告知宝宝哪里做得不对，应该怎样挽回错误，必要时还要让宝宝给被告状的小朋友道歉。同时妈妈还要表扬宝宝勇于说出事情真相的精神，夸奖宝宝是一个诚实的好孩子。

如果宝宝听不懂妈妈讲的大道理，妈妈可以通过给宝宝讲一个适合宝宝所讲事情的寓言故事，来教会宝宝做人做事的道理。

培养宝宝豁达的胸怀。这对于宝宝来说是件不容易完成的事情，因为这要看爸爸妈妈是否有豁达的胸怀了。如果妈妈经常拿自己的宝宝和别的宝宝比，还经常当着宝宝的面夸奖别的宝宝："看人家乐乐多乖，你看你！"这样的语言很容易让宝宝形成自卑的心理，宝宝就会因为嫉妒而告状。因此，让宝宝拥有豁达的胸怀，妈妈就应该要求宝宝学习别的宝宝身上的优点，来弥补自己的不足，同时妈妈要肯定宝宝自身的优点也是别的宝宝学习的对象。这样宝宝在面对别的宝宝的优点时，就不会心生嫉妒了。

撒谎——宝宝逃避惩罚的选择

3岁9个月的莹莹以前是一个非常听话的宝宝，最近不知道怎么回事儿竟然爱撒谎了。妈妈做饭的时候，莹莹打碎了水杯，妈妈问是不是她打碎的，莹莹却说是6个月大的弟弟打碎的，让妈妈可笑又可气的是弟弟根本还不会走路。但是不论怎么问，莹莹就是不承认是自己打碎的。

孩子的心声

说真话妈妈脾气会更大，我再也不说真话了。

解读

需要强调的是，撒谎并不是宝宝在成长过程中必然会出现的现象。相反，宝宝撒谎在很大程度上和爸爸妈妈的不恰当教育有着很大的关系。

妈妈可以回忆一下，当宝宝第一次做错了事情，勇于向妈妈承认错误时，妈妈是不是不仅没有赞扬宝宝的诚实，反而劈头盖脸对宝宝进行一顿责骂？当然，宝宝第一次承认错误，可能是宝宝处于用肢体来感知世界的阶段，他并没有是非对错的观念，承认错误只是无意识的。当第一次承认错误被责骂后，宝宝的意识里就会形成这样一个烙印：承认错误会受到惩罚。等宝宝长大有是非观念后，这个烙印教给宝宝的经验是：承认错误就会惹妈妈发更大的火。于是，胆怯让宝宝学会了用撒谎来逃避责任。

除此之外，宝宝撒谎还有以下两种情况：

过分娇惯引起的撒谎。由于家长对宝宝过分娇惯溺爱，使得宝宝的占有欲过分强烈，什么东西都会被他看成是自己的。宝宝有时会将别的小朋友的东西悄悄拿回自己家里。面对父母的质疑，宝宝会撒谎搪塞父母。

想象力丰富引起的撒谎。前面已经讲过3～4岁的宝宝开始喜欢幻想，他们逐渐具有了丰富的想象力。有时宝宝过分沉浸在想象中，就会将想象和现实混为一谈，毫无逻辑地将想象中的事物，随意强加在现实生活中的人和事上。比如，看到别的小朋友有一个玩具小屋，宝宝就会说："我也有一个小屋，跟《猫和老鼠》中那只大狗狗的房子一样大，我都可以在里面睡觉呢！"宝宝的这种谎言其实并没有什么意图，只是还沉浸在自己的想象世界里。

妈妈怎么做

培养宝宝勇于承担责任的精神。宝宝犯错误，是再正常不过的了。所以，面对宝宝犯下的错误，妈妈应该鼓励宝宝勇于面对，告知宝宝诚实才是一种人人称赞的美德，撒谎是要受到惩罚的。当宝宝诚实承认错误时，妈妈要给予宝宝理解、尊重和赞扬。妈妈要用温和的语气和宝宝进行交流，不能流露出责怪和不满。比如，宝宝用剪刀剪坏了床单，宝宝承认了错误，妈妈要说："宝宝承认了床单是自己剪的，说明宝宝是一个诚实听话的好孩子。宝宝是不是想试试剪刀的威力，才不小心剪坏了床单？床单已经坏了，宝宝知道剪刀的威力了吧？宝宝以后要多加小心，因为剪刀还会伤到宝宝的手呢！没事，来帮妈妈再把床单缝起来吧！"得到家长的理解，宝宝遇到此类事后，就不会撒谎了。

不要为宝宝开脱责任。宝宝犯错误，虽然承认事情是自己做的，妈妈要适时地对宝宝进行表扬，但妈妈不能让宝宝觉得事情和自己再也没有关系了，也不再需要负任何责任了。

不爱开口——宝宝缺少语言刺激

小卓都快3岁了，小脑瓜很灵光，对大人的话语都明白，和小朋友们玩游戏也玩得非常好，可让爸爸妈妈非常头疼的是，这孩子就是不爱讲话。无论爸爸妈妈怎么引导，小家伙除了表情丰富外，就是不讲话，小卓难道是有什么病吗？急得爸爸妈妈团团转。

孩子的心声

我不是自闭症，只是不知道怎么和你们说话。

解读

研究发现，造成宝宝语言障碍，不会讲话的原因通常包括以下两个方面：

1.缺少语言的刺激。

2.由于成人的迁就和疏忽，明白孩子的意思就满足他，孩子缺少表达意愿的机会，说话没有成为他生活的需要。

妈妈怎么做

0~6岁是婴幼儿语言发展的关键期，这个时期需要父母和老师给予高度重视，有意识地多和宝宝说话，多给宝宝语言的刺激，多和宝宝交流，这样才能促进宝宝的语言发展。语言的发展对宝宝一生的发展都是至关重要的。

多沟通。对于宝宝来说，无论从心理还是生理上都需要爸爸妈妈的关爱。爸爸妈妈要在百忙之中尽量抽出时间，多和宝宝说说话，多给宝宝一些关爱，来引导、刺激宝宝说话的欲望。

让宝宝多开口。不论宝宝说对还是说错，妈妈都不要急着插话，而是鼓励宝宝继续说下去，等宝宝说完，妈妈再给宝宝一些建议。

听取医生的意见。如果宝宝的情况非常严重，爸爸妈妈一定要带宝宝进行检查，然后听取主治医生和心理医生的建议，对宝宝进行必要的治疗。

上幼儿园。幼儿园是一个小社会环境，有利于宝宝身心的健康发展，通过与老师和小朋友的交往，可增强孩子的语言表达能力。

绕着弯讲话——满足某项需求

3岁10个月大的凯凯已经能够流利地说话了。一天下来妈妈发现，凯凯的话特别多，而且小家伙竟会绕着圈子说话了。“妈妈，凯凯不舒服了，嘴里苦苦的，妈妈给凯凯一块糖果吧！”“妈妈，爸爸说天气热，想吃冰激凌了，出去买冰激凌吧！”“妈妈，小猪（玩具）玩得正开心呢，它不想回家睡觉，我也不睡！”……一开始妈妈并没有多想就答应了，后来才发觉上当了，原来小家伙是通过绕着弯说话来达到自己目的的。

孩子的心声

要是我直接说出来，妈妈就不会答应我了。

解读

宝宝在成长过程中与家长、社会相处的经验越来越丰富，以前被“拒绝”或被“忽视”的经验告诉宝宝，直接向爸爸妈妈提出要求就会遭到拒绝。之所以宝宝会有这种胆怯，是因为宝宝在父母面前缺乏安全感。宝宝搬出“爸爸”、小玩具作为挡箭牌，他会发现这很容易使妈妈妥协，省时又省力，所以难免就会撒谎了。

妈妈怎么做

仔细查找原因。宝宝绕着圈子说话通常是想满足自己的某项需求。但是这些需求，有的是合理的，有的则是不合理的。如果宝宝即便是满足自己正常合理的需求时依然还要绕弯子，爸爸妈妈就要考虑是不是平时忙于工作忽略了宝宝，或者是不是平时对宝宝管教得太严格了，这个不许那个不许，造成宝宝在父母面前缺乏足够的安全感。如果是忽略了宝宝就要多给宝宝一点儿爱，如果是后者则要适当放松对宝宝的管教。

给宝宝足够的安全感。良好的家庭氛围会使宝宝拥有足够的安全感和足够的自信。研究发现，成长在父母整日吵架，甚至有家庭暴力的家庭中的孩子，通常会敏感、多疑、缺乏安全感。宝宝会把父母吵架的错误归咎于自身，当自己有需求的时候，宝宝就会担心爸爸妈妈不答应。如果宝宝经常绕着弯子说话，爸爸妈妈首先要反思自己的行为是否适当。

替代宝宝不合理的需求。对于宝宝提出的不合理需求，妈妈要用灵活的方式转化为合理的需求。比如，凯凯想吃糖果，因为经常吃糖会很容易生蛀牙，所以妈妈可以说："凯凯口苦，是上火，这样就更不能吃糖了，否则会舌头疼的，不过凯凯可以喝一杯新鲜的葡萄汁。"另外，对于宝宝的合理需求，如凯凯想吃冰激凌，妈妈可以说："爸爸牙疼不能吃冰激凌，是不是凯凯想吃了？那就吃一个吧。"这样宝宝以后就不会再借助爸爸来撒谎了，因为自己的需求妈妈是可以答应的。

适当满足宝宝的物质占有欲。这个时期的宝宝，喜欢用物质的东西在小朋友中表现自己。他们甚至想通过拥有某件物品，取得在小朋友当中的"老大"地位。因此宝宝的需求就会多起来，妈妈要适当地满足宝宝这一需求，但不要无限满足。要让宝宝懂得哪些是该拥有的，哪些是不该拥有的。否则过分溺爱，就会激发宝宝更无理的占有需求，如果一时得不到满足，宝宝甚至会出现偷窃行为。

一着急就结巴——语言发展跟不上大脑

快4岁的慧妍，早就学会了说话，可现在说起话来，总是断断续续，甚至还偶有结巴。一着急，结巴的现象就会越发严重。比如，看到幼儿园的老师给别的小朋友发水果，慧妍就会急得小脸通红，结巴着说："是、是……是我的！"这一现象已经持续了一段时间，妈妈非常着急。

孩子的心声

我要说的太多了，可一急就不知道怎么说了。

解读

如果宝宝说话不利索，排除先天语言障碍因素，只是会偶然出现，爸爸妈妈就不用过多担心，这并不会影响宝宝的语言发育。造成宝宝语言不连贯通常会有以下因素：

语言发育跟不上宝宝想象力丰富的大脑。前面讲过，宝宝在这一时期已经具有了丰富的想象力，他的小脑瓜想的事情可多了，所以表达某件事情的时候，思绪早已飞到九霄云外了。但嘴巴慢于大脑，加上着急，越急越说不出来。所以就会出现短暂结巴的现象。

忘记了后面要说的内容。宝宝小脑瓜里装了太多的东西，说着说着，就把后面的内容给忘了，就像茶壶里煮饺子一样，一肚子的东西就是倒不出来。

引起父母的注意。忙碌的父母往往会忽略宝宝，为了得到爸爸妈妈的注意，宝宝有时候也会结巴。

在思考，一时无法决断。有时候宝宝结巴，是因为还没有想好下一句要说什么，他要留给自己思考的时间。一般情况下，妈妈在让宝宝选择某样东西或做某项决定时就会出现这种状况。

妈妈怎么做

让宝宝学会讲故事。让宝宝多听故事，并试着讲故事，是迅速提高宝宝语言能力的一个好办法。听故事可以逐渐锻炼宝宝的逻辑思维及是非意识，而通过反复阅读，让宝宝熟练掌握故事的情节，然后让宝宝复述，不仅可以提高宝宝的语言表达能力，而且能够提高宝宝的大脑和语言的节奏协调能力。

耐心听宝宝说完每一句话。宝宝结巴，很多家长都会表现出很焦急的神色，殊不知，宝宝比爸爸妈妈更着急呢。越是这个时候，家长越要耐心地听宝宝说完自己想说的。表情要温和，当宝宝说得不连贯时，妈妈可以用鼓励的眼神敦促宝宝继续说下去，不要轻易插嘴打断宝宝，但可以适当引导。这样宝宝就会逐渐放松下来。

对宝宝的结巴不要表现出太严肃。当宝宝出现结巴时，宝宝心里也很难过，这个时候如果妈妈批评宝宝，甚至模仿宝宝的结巴，就会加重宝宝的心理负担，使宝宝今后说话时变得更紧张。

给宝宝提供一个良好的语言环境。宝宝的模仿力很强，一些坏习惯很可能是从现实生活中模仿学来的。因此，爸爸妈妈说话时就要注意了，父母在交流时尽量使用完整、富有逻辑的语言，切忌前言不搭后语，切忌语速过快过急。平时让宝宝多听听诗歌朗诵、积极上进的寓言故事等，都可以改善宝宝的语言。

喜欢跟比自己大的孩子玩——满足好奇感

年龄小的宝宝往往会喜欢跟在年龄稍大些的宝宝后面玩耍，但经常会遭到大孩子的排斥拒绝，可是小宝宝们不气馁，仍然喜欢屁颠屁颠地跟在大孩子的身后。那些大孩子还经常嘲笑小宝宝是他们的“跟屁虫”。

孩子的心声

大哥哥们玩的游戏真好玩，比我们同龄宝宝玩的游戏有趣多了。

解读

这一时期的宝宝喜欢追求新奇的事物来满足自己的好奇感。他们的任何行为，包括交往都是为了开心，并没有其他多余的复杂目的。只要开心，他们就会义无反顾，不会管大哥哥们是不是接受自己。他们只知道，这些大哥哥们玩的游戏是丰富多彩而且刺激的，这在同龄的宝宝中是得不到的。因此，为了快乐他们甘心成为“跟屁虫”。

妈妈怎么做

建立稳定的朋友圈。宝宝们喜欢和熟悉的伙伴在一起玩，这会让他们彼此之间建立起一种默契，而这种默契更容易带给他们快乐。因此，要经常让宝宝和固定的大孩子一起玩耍。时间久了，大孩子也会慢慢将宝宝纳入自己的朋友圈中，并愿意充当小宝宝的大哥哥、大姐姐，还能够在别的孩子欺负宝宝时挺身而出呢。

用分享赢得友谊。妈妈可以教宝宝拿出自己的玩具或者零食来和大孩子一起分享，拉近和大孩子之间的距离。

安全第一。宝宝无论和同龄的伙伴玩还是和比自己大的孩子游戏，安全永远是第一位的。稍大的孩子之间玩的游戏会更具冒险性和刺激性，同时就会存在着一定的危险性，宝宝稍不留神就会磕着、碰着。因此，在宝宝玩耍的时候，妈妈要多多留心，不要让宝宝玩过于危险的游戏，并告诫宝宝可能会出现的危险，让宝宝注意。

非要穿自己选中的衣服——争取选择权

4岁的小雨特别爱美，每天该穿哪件衣服，她都要自己来选择，妈妈选的衣服她连看都不看。可是小家伙自己选的衣服根本不符合生活常识、季节时令，经常让人哭笑不得。

孩子的心声

我是大孩子了，可以按自己的想法挑选衣服啦！

解读

研究发现，4岁的宝宝，独立性更强，他们已经能够独立完成一些事情，比如吃饭、穿衣、玩游戏等。这个阶段的宝宝对周围的环境也表现出一定的控制欲望，这种欲望会表现为拒绝大人“干涉”，希望自己独立完成一定的事情。比如决定自己要穿什么样的衣服，这一选择比起自己独立完成穿衣服这件事来，要容易很多。因此，宝宝更愿意自己来做主。

值得注意的是，这一时期宝宝选择穿衣，和2～3岁宝宝不合季节的穿衣是不同的。2～3岁的宝宝多是寻求安全感、慰藉的一种心理体现，而此时的宝宝却是更想独立、更想控制周围环境的体现。

这一时期的宝宝，通过对周围事物、小朋友、动物、电视等的观察，在他们的头脑中已经形成了一定的信息库，同时宝宝的审美观也在这一时期开始悄悄地萌芽，“审美执拗期”也随之来临。宝宝出现“不合规矩”的混穿衣服，体现了宝宝更加深入地融入了这个社会。

宝宝喜欢“倒穿”衣服，“反季节”穿衣服，让父母头疼不已。其实这个时期的宝宝，对衣服的风格、效果并没有概念，也根本不在乎这些，他们只是单纯喜欢某一件或某几件衣服而已。所以，爸爸妈妈应该给宝宝一定的选择权，不要过分“干涉”宝宝，过了这一时期，这种现象就会自然消失，不必过于大惊小怪。

妈妈怎么做

给宝宝一定的选择权。妈妈可以缩小宝宝选择衣物的范围，事先将衣物按春、夏、秋、冬四季归类，到什么季节就拿出什么季节的衣服，其他衣服收起装入衣橱中。然后在符合季节的衣服中，让宝宝自己选择。妈妈可以说：“看，这些都是夏天要穿的衣服，宝宝可以自己选择喜欢穿的漂亮衣服了。”这样一来，宝宝至少不会因不分季节地穿衣而冻着或热着。同时，这样也会让宝宝逐渐形成季节概念。

顺应宝宝，避免矛盾激化。对于宝宝执意要“胡乱”穿衣服，妈妈也不必非要说出个大道理来，因为说得再好，宝宝也不会往心里去的。妈妈也不要以为宝宝小小年纪就喜欢“臭美”，会影响宝宝健康发展，对于宝宝自己做主穿衣，妈妈还不如把决定权交给宝宝，等小家伙出去以后，会从别的小朋友怎么穿衣服、别的小朋友的议论中渐渐明白自己的穿着是不合理的。让宝宝自己认识到错误，比妈妈强行告知宝宝是错误的，会让宝宝印象深刻得多。

妈妈还可以让宝宝穿衣服后在阳台感受一下是不是很冷，或者很热，如果宝宝夏天穿棉衣，肯定会觉得热，这样宝宝也会对自己产生怀疑，说不定就放弃了呢。

引导宝宝的审美意识。别看宝宝小，可是同样具备对生活、对艺术的审美能力。妈妈可以让宝宝多听听音乐，多看看画展、服装展、美丽的风景等，有意识地培养宝宝的审美能力。

提前准备好要穿的衣服。有时候忙碌的父母和没完没了挑衣服的宝宝会发生冲突，爸爸妈妈要赶时间上班，宝宝却非要自己挑个没完。气急的妈妈很可能会在宝宝屁股上来几巴掌，宝宝就会大哭不止，一个美好的早晨，被妈妈的责骂、宝宝的大哭破坏了。因此，妈妈最好在前一晚就为宝宝准备好衣服，以免越急越乱，越乱越急。

总觉得别人的玩具才漂亮——宝宝的攀比心理

妈妈带着娜娜在小区里玩的时候，娜娜看到自己的小伙伴莹莹怀里抱着一个金发碧眼的洋娃娃，便满脸的羡慕，转身跑到妈妈的怀里撒娇地说："妈妈，我也要洋娃娃。""咱家里有一箩筐的洋娃娃，娜娜不要了吧？"谁知娜娜听后，就开始大哭大闹，不依不饶，非要洋娃娃。"我的娃娃没有她的娃娃漂亮，我就要，我就要！去买，去买！"妈妈抱起娜娜就往家走，谁知小家伙用手使劲儿打妈妈，哭得更厉害了。

孩子的心声

小朋友有的东西我也要有！

解读

宝宝们在一起玩的时候，常常会发生这样一幕场景：一个宝宝拿出自己的新玩具、新衣服、零食等东西，在其他宝宝面前炫耀，他会说："瞧，这是我爸爸出差从东京给我买的玩具！"其他小朋友就会流露出羡慕的表情，然后回家会向自己的爸爸妈妈要。这是儿童早期出现的攀比心理。对于宝宝的这一特殊心理特征，爸爸妈妈要进行适当的引导，不能任其无限发展，否则长期下来会对宝宝的身心健康产生一定的影响。

那么，宝宝为什么会有攀比心理呢？

都是社会惹的祸。不可否认现如今人们所处的是一个物质极大丰富的社会，同样也是一个物欲横流的社会。不说我们的孩子，来看看家长，每一个家长何尝不存在着攀比心理呢？他们会尽量给自己孩子吃最好的，穿最好的，宝宝要什么就要满足什么。

都是溺爱惹的祸。很多家庭里都存在一定程度的溺爱，一些宝宝在家里养成了“公主”、“少爷”脾气，宝宝要坦克玩具，爸爸二话不说当天就会买来；宝宝想吃海鲜，这有何难？只见爷爷亲自上市场，下厨……天上飞的，地上跑的，空中飘的，只要爸爸妈妈能做到，都会不惜一切代价。可是，转头再看宝宝，除身体长了肉外，还滋生了严重的炫耀攀比心理。

都是“天真”惹的祸。宝宝的心思是单纯无邪的，他们没有善恶是非之分，他们只知道好奇，然后再去模仿，看到别的宝宝有的东西自己也要有。

因此，对于宝宝的攀比之心，妈妈既要理解，也不能任其发展。如果不稍加管束，宝宝的攀比心理势必发不可收。由最初的什么都要，到哪怕父母只有一次不满足就会产生憎恨父母的心理，再到最后可能会发生偷盗等犯罪行为。到那时，就悔之晚矣。

妈妈怎么做

从自身做起，为宝宝树立一个榜样。父母的言行举止很大程度上会影响宝宝。因此父母不要表现得很物质化，攀比心态过重。要教会宝宝懂得积累精神财富，它往往比物质财富重要得多，比如别的小朋友有汽车，妈妈可以让宝宝学会一首唐诗，这样宝宝拥有的是受益一生的精神财富，而别人只是拥有短期的物质财富。

正确教育孩子，不过分溺爱。许多爸爸妈妈对宝宝的爱，主要体现在物质满足上，这对于孩子的成长来说是害大于益的。在物质上如果一味盲目追求满足宝宝，宝宝除了学会攀比、炫富外，其他什么技能都没有学会，与其如此还不如教会宝宝如何做人，如何上进，才不失为正确教育之道。

把握适度原则，巧妙处理攀比。在适度的范围内可以允许宝宝攀比。比如，宝宝刚刚上学，因为新的环境陌生，却不愿意上，妈妈则可以对宝宝说："宝宝要去上学，妈妈就给宝宝买一个和琳琳一样的铅笔盒。"这样就可以鼓励宝宝了。面对宝宝更多无理的攀比，妈妈可以对宝宝进行适当教育，如"宝宝洋娃娃的裙子比乐乐的好呢，虽然乐乐的洋娃娃大，但是宝宝的洋娃娃更漂亮。如果你喜欢乐乐的洋娃娃，那就把你的洋娃娃送给别人吧，豆豆正想要呢！"这样宝宝就会发现，原来自己的洋娃娃也正是别人喜欢的，进而重新认可自己的洋娃娃。

第二节

好奇、好动、好模仿：引导孩子的日常行为

口无遮拦——宝宝还没有学会正确表达

4岁的月月，说话越来越像一个“小大人”了，什么事情都要争着表达自己的主张。有时候还会顶撞大人，不论在长辈面前还是在陌生人面前，说话没大没小的。对于不懂礼貌、目无尊长的月月，妈妈多次教育，都无济于事。

孩子的心声

我知道我想“说什么”，但还不明白该“怎样说”。

解读

有些家长认为，如果过分管教宝宝，就会压抑宝宝的个性，如果不管，又担心宝宝再这样下去，岂不无法无天？其实，妈妈过于担心了，因为宝宝的个性和“口无遮拦”关联并不大，严格管教也不会压抑宝宝的个性。再者，宝宝说话毫无分寸，是因为他们还不能很好地把握说话的分寸，宝宝并不想冒犯大人，只是没有找到正确的表达方式。

宝宝虽然掌握了说话的技巧，但还缺乏处世哲学、社会礼节，对于什么是应该说的，什么是忌讳的，宝宝是没有概念的，这需要一个不断积累的过程。宝宝说话时，不小心就会冲撞了大人，但是古人有云，童言无忌，爸爸妈妈又何必过于纠结呢？对于宝宝的冲撞，妈妈首先要宽容，不要动不动就发火；然后要对宝宝进行正确的引导，告诉宝宝应该怎样对家长说话；还可以通过一些有教育意义的故事，来教会宝宝如何尊老爱幼。

要注意，当自己犯了错误，宝宝指出来时，虽然“顶撞”了爸爸妈妈，但爸爸妈妈应该虚心接受，而不是训斥宝宝没大没小。否则，宝宝将来会变得唯唯诺诺、没有原则性，不敢挑战权威了。另外，宝宝有时候故意顶撞大人，有可能只是出于不满情绪的发泄，爸爸妈妈对待宝宝，不必过于严厉。

妈妈怎么做

教会宝宝如何表达。对于宝宝的“不礼貌”，妈妈要适时地给予纠正和指导，教给宝宝应该如何正确表达。

让宝宝愿意做你的朋友。在日常生活中，妈妈不能以高高在上的权威姿态来对待宝宝，否则就会使宝宝有距离感，宝宝不得不服从家长。父母应该给予宝宝充分的尊重，主动和宝宝做朋友，这样宝宝就会把爸爸妈妈当成最好的朋友，学会如何尊重爸爸妈妈，愿意和爸爸妈妈说心里话。很多家长觉得宝宝太小，不管教不行，动不动还要打骂孩子，虽然宝宝年龄小还无力反抗，但是这会在宝宝心里形成阴暗的记忆，随着年龄的增长，宝宝对父母的尊重就会减少，甚至会产生憎恨。

重视情商教育。随着社会就业压力的增大，孩子的教育成了家长为孩子在未来竞争路上准备的重要砝码。而如今的教育体制决定了一考定终身的游戏规则，所以，在很多家长眼里，成绩比一切重要。孩子在成长过程中，甚至在妈妈的肚子里就开始为这些做准备了。而情商，作为一个人的内在修养，却成了牺牲品。许多家长会说，成绩好就能上大学，情商再高，学习不行也是无用的。因此，就连几岁的小宝宝也被家长们逼着学这学那，成绩如何也是老师、家长关注的焦点。爸爸妈妈和老师忙于让宝宝一天学几首诗，写多少字，却忽略了告诉宝宝如何做人，如何面对挫折，如何与人交往……宝宝变成了只知道学习的工具，少了人情世故，少了感恩之心，他们不懂得什么是挫折，不懂得什么是坚韧，成了高分低能的孩子。

而情商的高低，在以后的成长路上会影响宝宝的一生，情商的高低直接决定了宝宝以后处理事情的决断力的高低，抗挫折能力的高低，为人处世能力的强弱等。要知道，内心的修养永远比技术上的学习对宝宝重要得多。谁也不愿意自己的宝宝是所谓的“高分低能”，或者成人之后自命清高，或者容易因为一时失败而一蹶不振的人。

喜欢暴力——孩子的攻击欲望

快4岁的宇浩是院里有名的“暴力小子”，他和小朋友们玩耍时，动不动就会打人；看到别的小朋友玩玩具，宇浩便通过暴力抢夺小朋友的玩具；自己的玩具也绝不允许别的小朋友碰。院里的小朋友几乎被宇浩打了个遍。现在，没有小朋友愿意和宇浩一起玩了。

孩子的心声

我想要玩的东西，就必须给我！

解读

宝宝天生具有攻击性，这也是人与生俱来的一种天性。宝宝为了达到某种目的，或者为了防御外界的威胁，会启动身体的“攻击系统”对外界进行攻击。

宝宝在襁褓中时，就会以哭闹作为主要的攻击反抗方式；等宝宝有了行动能力和力量，就会通过打人、推搡来实现攻击。

人的攻击性通常会表现在自己的意愿受阻时，因不满而产生的行为。比如，宝宝正在和小朋友玩游戏时，妈妈却要宝宝回家吃饭，宝宝不愿意，妈妈就要强制抱着宝宝回家，这时候宝宝对妈妈又打又踢，还哭闹不止。这和宁浩阻止别的小朋友碰自己的玩具实际上是一样的。

了解了宝宝的攻击行为，家长一方面应给予理解，另一方面要对这一行为进行适当引导，以免宝宝无限制地发展为习惯性暴力。

妈妈怎么做

让宝宝学会独立解决。对于宝宝之间的冲突，妈妈们往往会立刻赶过去，介入大人的强力干涉——责骂、强行制止，给予食物上的诱惑。其实家长的这些行为，无非是怕自己的宝宝受到伤害。这种心情可以理解，却不能锻炼宝宝独立解决问题的能力，宝宝以后再遇到此类问题时就会更加依赖大人的“帮忙”，这无异于剥夺了宝宝一次最佳的学习机会。

让孩子学会友好的交往方式。宝宝之间的小冲突并不会伤害到宝宝，因为宝宝还小，力量还很弱，即便是打人也不会造成多大伤害，况且宝宝们之间的冲突，无非为了争夺玩具、“地盘”甚至是零食，很快就会烟消云散。让宝宝学会用自己的智慧解决他们之间的关系，妈妈无须干涉，但可以教导宝宝如何做才是最正确的，如宝宝把别的小朋友打哭了不知所措时，妈妈可以说：“宝宝，打人是不对的，快去给弟弟道歉去，拿着自己的糖果给弟弟一颗，弟弟就不会再哭了。”这样，宝宝就学会了与伙伴分享自己的东西，重新获得友谊。妈妈还可以教给宝宝一些交往用语，如“谢谢”“对不起”“一起玩”“轮流玩”等，宝宝就会逐渐学到更多与人相处的文明方式。

广泛的社交空间。让宝宝广泛参与社交活动，让宝宝多与人接触，这样宝宝就会积累更多的社交经验。

对客人没有礼貌——期望引起关注

平时很有礼貌的宝宝，偏偏家里来了客人，就变得无理取闹起来，不和客人打招呼，还经常当着客人的面哭闹。如果家里来了其他宝宝，宝宝还会更加霸道，不让别的宝宝玩自己的玩具、吃自己的东西，还会动手打人家，让妈妈很尴尬。

孩子的心声

我也想和客人说话、玩耍，可客人一来，爸爸妈妈就不理我了，还让我自己一边玩去，一点儿意思都没有。

解读

宝宝正处在“以自我为中心”的阶段，要求所有人必须围着自己转，就连客人也是自己的客人，而不是爸爸妈妈的客人。当爸爸妈妈围着客人转的时候，宝宝心里就会觉得不被重视，于是就开始以各种形式的抗议来引起大家对他的关注。这并不是礼貌的问题，而是宝宝内心情绪的宣泄，因为宝宝还不懂得如何把握分寸。

妈妈怎么做

其实当妈妈换一种思维来处理这个问题，宝宝就会有截然不同的表现。

提前告知宝宝客人要来。不要忽略宝宝家庭成员的身份，当家里要来客人时，妈妈要告诉宝宝，让宝宝有一个心理准备。这样，宝宝就不会因为客人的突然来临而打乱了正在进行的游戏、玩耍。

让宝宝参与招待客人。将客人在某种程度上视为宝宝的客人，让宝宝也来招待客人，做一些力所能及的事情。如妈妈可以对宝宝说：“宝宝快去给伯伯搬一个凳子来。”“宝宝给弟弟拿一些糖果来。”等等。让宝宝既学会了如何招待客人，也有了不被冷落的感觉。

充分重视宝宝。当家里来客人时，妈妈要将客人正式介绍给宝宝，也要将宝宝正式介绍给客人。为了不让宝宝打扰，可以让宝宝做一些事情，如“宝宝去给阿姨拿一双拖鞋好不好？”得到“任务”的宝宝往往会乐此不疲，这样委婉的方式就不会让宝宝感觉被大人冷落了。

不好玩，真没意思——理解宝宝的口是心非

4岁的小健经常缠着爸爸妈妈和自己一起玩游戏，辛苦了一天的爸爸妈妈不得不“舍命陪君子”，谁知，每次玩不了一会儿，小健就抱怨说：“不好玩，真没劲儿！”爸爸急了，说道：“臭小子，还真难伺候！”

孩子的心声

大人总是按照他们自己的方式和我玩，我才不愿意呢，真没意思。

解读

当宝宝不开心时会说出一些口是心非的话来，宝宝说“不好玩，真没劲儿”，这不是真心话，只是内心不满情绪的宣泄。爸爸妈妈如果依此判断宝宝玩腻了游戏或者难伺候就错了。这很可能是大人玩游戏的方式和宝宝自己玩游戏的方式不同造成的。

妈妈怎么做

了解真相，对症下药。宝宝说游戏不好玩，爸爸妈妈可不能被这句话蒙蔽了，从而停止了玩耍游戏。其实宝宝很有可能在说，游戏应该是这样玩的，爸爸却偏偏那样玩；我才是这个游戏的主导者，爸爸却不听我的……如果大人仅仅为了敷衍宝宝，没有用心去体会宝宝内心真正的渴望，就会造成以上结果。所以，爸爸妈妈在陪宝宝玩游戏的时候，将主动权交给宝宝，让宝宝来决定怎样玩游戏。

同时，给宝宝更多的鼓励，让宝宝自己做出如何玩的决定，这样能够培养宝宝独立自主的能力。家长也不要在宝宝面前尽显聪明才智，把宝宝比下去，否则宝宝就会失去信心，变得越来越依赖大人。

端正态度。宝宝决定让爸爸妈妈参与游戏，在宝宝看来这是一件很严肃的事情。如果爸爸妈妈敷衍了事，就会让宝宝失去游戏的兴趣。

保持一颗童心。在和宝宝玩耍的时候，爸爸妈妈要保持一颗童心，从宝宝的角度出发来参与宝宝的游戏。如宝宝用小手和泥巴的时候，妈妈也应该配合宝宝，而不应该横加指责："脏死了，宝宝，不玩这个了，我们玩玻璃球好不好？"这样一来，妈妈完全是从成人的角度来对待这件事，而宝宝对妈妈的态度也很无奈，宝宝发挥想象的激情就这样被妈妈一盆冷水浇灭了。

给宝宝更多的尝试机会。在游戏的过程中，如果宝宝通过自己的努力能够克服一定的困难，宝宝就会有成就感，继续玩游戏的动力就会更足。如果妈妈觉得宝宝很"笨"，在宝宝遇到困难时，不时地提供各项援助，使宝宝能够顺利地完成游戏，宝宝就会因游戏容易完成而觉得无趣。

让精力旺盛的宝宝得到适当释放。别看宝宝年龄小，他可有着充足的精力呢！体内的精力得不到释放，宝宝是不会休息的。很多妈妈都知道，小家伙在白天如果没有玩够，晚上是不会轻易睡觉的。所以，妈妈应该适当有意识地让宝宝尽情地释放精力，玩够、发泄够，有必要的话再制造一些"兴奋点"来让宝宝释放精力。

将不该拿的东西拿回家——模糊的物权意识

妈妈最近在整理小可的书包时，发现了许多小玩意儿，如纸风车、贴画等。可是家里没有给小可买过这些东西。妈妈问小可，小可支支吾吾地说是幼儿园的老师发的。妈妈打电话和幼儿园的老师求证，得知这是幼儿园小朋友丢的东西。难道小可偷东西？妈妈顿觉怒发冲冠。

孩子的心声

别人的玩具比我的好玩！

解读

在成人的世界里，“偷窃”行为是犯法的，甚至要负一定的刑事责任。所以当爸爸妈妈发现自己的宝宝有“偷窃”行为时，不禁怒火攻心。“这么小就会偷东西了，长大还得了？”这是爸爸妈妈头脑中的第一反应，接下来，爸爸妈妈会产生更坏的联想：“这件事一旦传扬出去，大人的颜面何存？”于是越想越害怕，震怒之下，宝宝少不了要挨揍了。

其实，爸爸妈妈把问题想得太严重了，宝宝这个时候处在价值观模糊的阶段，对物权概念也没有清晰的认识，这一阶段甚至会延续到宝宝6岁左右。他们超具想象力的大脑，让宝宝一半活在想象里，一半活在现实中，甚至现实和想象在他们的世界里也是混淆的。当看到别的小朋友的玩具时，宝宝很可能就会直接向这个小朋友表示过想玩一玩的想法，被拒绝后，宝宝依然惦记，后来偶然得到了玩具，就会理所当然地认为这是自己的，小朋友已经给他了。这实际上是宝宝一厢情愿的想象，但宝宝不会认为这是错误，更不会明白偷盗是什么。

也会有另外一种情况，玩具的确是小朋友答应给宝宝玩的。只不过小朋友后来反悔了，不承认了，说是宝宝自己拿的。这样宝宝就会被冤枉。因此单纯从孩子们的话中，有时候是得不到事情真相的。有时的确是宝宝故意偷着拿的，这种情况也会存在。

不论哪种情况，妈妈要在第一时间告知宝宝，这是错误的，是要受到惩罚的。如果宝宝不明白道理，妈妈还可以通过一些寓言故事来让宝宝明白这一行为的实质，教会宝宝通过合理的手段得到玩具，让宝宝明白玩具是属于别人的，在别人不允许的情况下自己不能占有玩具。

妈妈怎么做

让宝宝认识物权的概念。事情发生了，爸爸妈妈不要对宝宝进行打骂，而应该在第一时间告诉宝宝，把东西归还给小朋友，并向小朋友道歉。妈妈可以让宝宝当面把物品还给小朋友，并感谢小朋友将物品借给自己玩。这样宝宝就会明白，不能随便拿别人的东西。

忌用“偷”字。虽然宝宝还不太明白“偷”的含义，但是幼儿园的小朋友们会从家长的口中、电视里得知小偷并不是什么好人。一旦宝宝被大人说成 “偷”东西，其他小朋友会觉得宝宝是坏孩子，就会排斥宝宝。这对宝宝的身心发展会造成负面影响。

让宝宝学会“换位思考”。妈妈要告诉宝宝这一行为是不对的，可以说：“宝宝想一想，如果是自己最喜欢的玩具被别的小朋友拿走了，宝宝是不是会很难过呢？那现在别的小朋友也会和宝宝一样难过，因为他们最心爱的玩具被你拿走了，宝宝忍心看别的小朋友难过吗？”这样宝宝就会逐渐明白这一行为的不正确之处。

引导宝宝用正确方式获得东西。对于宝宝的“物品”需求，许多家长会认为宝宝家里的玩具已经够多了，就不需要再买了，殊不知这只是大人自己的看法，宝宝可不是这样想的。在宝宝眼里，别的小朋友的玩具永远那么新奇可爱。如果得不到满足，很可能就会造成宝宝的上述行为。

所以，妈妈要尽量满足宝宝的这一需求。但这并不是说爸爸妈妈就要无条件地满足宝宝的任何需求。妈妈可以让宝宝通过做一些力所能及的家务来努力赚取自己想要的玩具。比如，宝宝每天帮妈妈摆碗筷，就可以有机会选择一个20元以内的自己喜欢的玩具。这样既可以锻炼宝宝的家庭责任感，也可以满足宝宝的需求。另外，妈妈也可以用其他更有意义的事物代替宝宝的玩具需求。比如童话故事书、音乐光盘等。妈妈可以说："宝宝是愿意要一只毛绒小熊呢，还是愿意要无数个小动物的故事呢？如果宝宝选择后者，妈妈会每天给宝宝讲一个关于小动物的精彩故事，怎么样？"这样的礼物要比玩具更有价值，妈妈可以尝试增加这些物品的诱惑力。

第三节

容易走极端：引导孩子的情绪和性格

一触即发的“火药桶”——引导孩子表达情绪

4岁的小川因为父母离异，独自和爸爸生活在一起。小时候的小川非常乖巧，可是随着年龄的增长，小川却不听话了，动不动就会发脾气，每次发脾气，都会冲爸爸大喊大叫地说：“我生气了！”然后便会把自己关在房间里，半天不出来。脾气急躁的爸爸，平时就动不动吼小川，这个时候就更加气急败坏，不长记性的小川少不了挨一顿打。

孩子的心声

爸爸动不动就吼我，我讨厌爸爸。

解读

宝宝发脾气多是发泄情绪的一种表现。生活在不和谐的环境中，宝宝没有快乐感，容易变得爱发脾气。对于宝宝发脾气，家长应该以足够的耐心来宽容、接纳宝宝，尽量疏导宝宝的不良情绪。

宝宝的情绪发展也会有一个过程。最初宝宝的情绪主要表现在哭闹、发脾气等方面，而随着积聚在胸中的情绪得不到良好的排解，就会转化为嫉妒、憎恨等更社会化的情绪，这也是宝宝社会化加深的一个表现。这时宝宝的注意力已经开始转向周围的人或者事物，宝宝对自己的情绪也开始有了一定的控制能力，由外向型的肢体行为逐渐变为更复杂的内向行为。那些脆弱敏感、依赖性较强的孩子内向型情绪发展得更为复杂，他们更喜欢用婉转的方式向大人表达自己的需求。

宝宝生气有时还包括其他方面，宝宝的尊严受到威胁，没有安全感；自己的需求得不到大人的满足等。

妈妈怎么做

重视宝宝的内心感受。宝宝生气、发脾气，家长通常不会放在心上。“小小的人儿，哪里来的这么大脾气？”爸爸妈妈通常会这样想。于是，当宝宝生气时，妈妈通常只是敷衍几句，或者批评几句，而没有去仔细分析宝宝为什么会生气。其实这个时候宝宝最需要大人的安慰和呵护了，妈妈应该问问宝宝不开心的真正原因，帮助宝宝疏导一下情绪。这样宝宝才不会有被冷落的感觉，进而渐渐吐露心声，爸爸妈妈也会更加了解宝宝。

教宝宝学会释放自己的不良情绪。妈妈可以通过一些寓言故事来教会宝宝如何宽容自己的伙伴，并有意识地培养宝宝的情商。对于一些天生敏感脆弱的宝宝，爸爸妈妈不要急于求成，而要循循善诱，慢慢改变宝宝。

为宝宝树立良好的模范。家长的行为在很大程度上成了宝宝行为的

“参照物”，如果爸爸妈妈平时就无法有效地克制、疏导自己的情绪，会让宝宝认为当不开心时就可以无所顾忌地发脾气。所以，家长要注意自己的言行，不仅要教会宝宝如何克制自己的情绪，更重要的是教会宝宝如何释放自己的不良情绪。比如，妈妈要演示给宝宝，当自己不开心时，就会听听音乐，或听一个故事，或者出去玩玩，让自己重新开心起来。

当宝宝发脾气时，妈妈要用爱来帮助宝宝一起疏导，比如，给宝宝一个大大的拥抱，告诉宝宝，自己是多么爱他，让他充满安全感。

软硬不吃的“硬骨头”——强烈的自我意识

妈妈新买了一条漂亮的连衣裙，伟伟用水粉将连衣裙挂上了彩。气得妈妈对伟伟一顿批评，可是嘴硬的伟伟就是不肯承认错误，眼中竟然还流露出恨意。爸爸见状连忙跑来解围：“伟伟，乖，快给妈妈道歉，伟伟向来是个乖孩子，今天怎么了？”可是伟伟根本就一脸的无所谓，连一点儿道歉的意思都没有。

有时妈妈对伟伟说话，伟伟就像没听见一样，依然我行我素。一句话妈妈重复几遍都不行，气急的妈妈冲他大喊，小家伙依然自己玩得兴致满满，妈妈一把揪住伟伟，大声地责问：“你这孩子怎么回事？”只见伟伟执拗地看着妈妈，倒有几分挑战的架势。妈妈嘴里不停地说：“你看这孩子，简直目无尊长，我怎么生了这么个孩子……”

有时妈妈和邻居聊天时，伟伟总要插嘴，“哇啦，哇啦——”怪叫个不停，妈妈越制止，小家伙越得了势似的逞能。虽然这次被制止了，可是伟伟依然不长记性，反而变本加厉了。

在幼儿园里，伟伟依然不省心，和小朋友的关系也是一塌糊涂，他从来不愿意和自己一般大的小朋友玩耍，总是喜欢和比自己大的孩子一起玩。在大孩子中间，伟伟仍然很霸道，弄得许多小朋友都不想再招惹他。爸爸妈妈多次对他进行教育引导，都无济于事。4岁的伟伟就这样成了家长、老师眼里的“刺儿头”，小朋友眼里的“讨厌鬼”。

孩子的心声

谁也管不了我，我原本就这样！

解读

很多家长发现宝宝越长大越有主意了，说什么都不听，成了“油盐不进”的“硬骨头”。宝宝不明是非，自己做错了事，也从来不承认错误，即便受到严厉的惩罚也无济于事。一句“我错了”的话，要想从宝宝嘴里说出来那简直比登天还难。

其实，宝宝之所以倔强得犹如一头难以驯服的小野马，是因为宝宝自我意识强烈，当自己的主张遭到家长的反对时，一直坚持自己的想法所致。宝宝对道理的认知尚处于空白阶段，意识能力也远远超过了行动能力。随着宝宝的成长，一般在4岁左右，宝宝就开始有了一定的道理观念。因此，宝宝的倔强，从另外一个角度来看是宝宝有主见的体现。宝宝这一阶段所犯下的“错误”也不是宝宝故意为之，只是发展的阶段体现，爸爸妈妈不必过于担心。

妈妈怎么做

对待家里的这块“硬骨头”，妈妈依然可以找到“克敌制胜”的良方。

撒手锏一：爱的鼓励。宝宝在任何一个阶段都需要爸爸妈妈爱的鼓励，即便是倔强不听话的宝宝也概莫能外。针对宝宝的固执己见，妈妈不能用被动的手段来解决，比如打骂、批评等。应该用爱的鼓励来增强宝宝对家长的信任，使彼此之间建立一座坚实的沟通桥梁。

撒手锏二：重视宝宝的需求。这一时期，宝宝的每一个需求妈妈都不能忽视，因为这都是宝宝内心意愿的真实表达。如果宝宝长期被忽略就会逐渐在内心积聚更多的不良情绪，导致和家长发生冲突。所以，爸爸妈妈要尽量多抽出时间来陪陪宝宝。

撒手锏三：宽容对待宝宝的每一个情绪表达。4岁的宝宝已经有了自己的判断力，如果家长在对待宝宝倔强的情绪时，批评宝宝，宝宝就会产生消极情绪，觉得自己是一个不讨爸爸妈妈喜欢的孩子。相反，如果重视宝宝的情绪表达，宝宝就会觉得自己是受爸爸妈妈喜欢的。这两种不同的情绪会产生“积极对待”和“消极对待”两种截然不同的结果。

撒手锏四：平和对待宝宝的“强硬”。许多家长发现硬碰硬，就会两败俱伤，弄得孩子大人不欢而散。《易经》中讲：以柔克刚。因此，当宝宝倔强时，妈妈可以用“柔和”的方式化解宝宝的倔傲之气。用真情慢慢感化宝宝，这样才是长久之计。

撒手锏五：改变看宝宝的角度。妈妈之所以觉得宝宝让人头疼、难以管教，是因为妈妈只看到了宝宝的缺点却没有看到宝宝的优点。换一个角度分析，宝宝的这种倔强行为，是宝宝做事果断、有主见的充分体现，说明宝宝不是那种依赖性强、很柔弱的宝宝。

撒手锏六：反思自身的问题。宝宝的性情很大程度上是由家庭环境决定的，如果爸爸妈妈固执已见，爱唠叨，说话语气生硬，就会很容易影响到宝宝。宝宝的超级模仿力，会让他在不知不觉中就被影响了。没完没了地唠叨、训斥会让人无法忍受，何况是宝宝呢。早就听厌了妈妈的话，宝宝哪里还会正经答应呢。话不在多，而在切中肯綮。

性格懦弱的“橡皮泥”——自尊、自信不足

阳阳自幼聪明乖顺，深得邻居的好评。可是妈妈渐渐发现，最近一段时间，阳阳总是带着伤痕从幼儿园回来，一问才知是被小朋友打了。妈妈非常生气，告诉阳阳：“阳阳你怎么总是被别人欺负呢？你不能这么懦弱，应该向老师求助。”可是情况并未因此好转，阳阳依旧受欺负。妈妈和幼儿园老师沟通，老师说：“阳阳性格懦弱，在学校里经常受到小朋友欺负，老师多次制止，可是别的小朋友知道阳阳好欺负后，就越发要欺负他。再说，幼儿园孩子多，老师一时也照顾不过来。”看到自己的儿子没有一点儿“男子汉”的样子，妈妈就犯起了愁。

孩子的心声

我最怕别的小朋友抢我东西了，他们好凶，我很怕。

解读

通常宝宝软弱是由先天遗传因素决定的，属于敏感脆弱的类型。这类宝宝对社交过程中其他宝宝过于激烈的行为往往会有惧意，在行为上经常会退缩。每次受到欺负，都会给宝宝带来屈辱感，自尊心也会受到伤害。如果这种情绪长期得不到疏导，就会让宝宝养成忍辱负重、任人欺负的性格。长期的抑郁也不利于宝宝健康的发展，会导致宝宝长大后变得对人冷漠、麻木。

妈妈怎么做

磨炼宝宝的胆量。针对宝宝胆小柔弱，爸爸妈妈可以通过一些活动来提高宝宝的抗挫折能力。比如，设置社交游戏场景，和宝宝一起进行角色

扮演，尝试着用一些小朋友经常用的社交动作来进行“抢玩具”的游戏，让宝宝逐渐适应这种动作，并积累一些应付这种“争执”的经验。

人类天生具有占有欲，通过争抢可以满足宝宝自身的这一需求，并获得精神上的满足感。宝宝不断重复感受这种感觉，就会把“好斗”的天性激发出来。同时，妈妈也可以教给宝宝一些争抢动作，让宝宝重复训练，在实际交往中宝宝就会逐渐运用自如。

扩大宝宝的社交范围。宝宝柔弱胆怯通常是因为接触的人较少，接触外界少；越胆怯就会越害怕接触外界，这样形成一个恶性循环。所以，妈妈要带着宝宝多接触外界，让宝宝尽量多接触人，才能让宝宝在实践中真正掌握社交的技巧，也有利于宝宝的心理健康发展。

一个人的“独角戏”——社交能力发展需求未被满足

珍珍快4岁了，却喜欢一个人玩。她一个人玩的时候总是很开心，即便没有大人，也能自娱自乐地玩上一天。珍珍的爸爸妈妈常年在外工作，平时珍珍和外公外婆一起生活。可是外公外婆经常打麻将很少陪珍珍，爸爸妈妈3个月才回来一次。每次回来，珍珍都对爸爸妈妈表现得并不亲密，妈妈和她说话，她也不大理会。

除此之外，妈妈还发现，珍珍的生活自理能力差，不喜欢主动与人交往，在幼儿园里也是经常形单影只。刚开始别的小朋友叫她一起玩，她表现出很不情愿，有时候还会往后缩。后来，别的小朋友再也不找她了，她也毫不理会，依然自己玩自己的。老师对妈妈说，这孩子非常内向，从来都不主动和别的小朋友玩，就像一只沉默的小羔羊。

孩子的心声

大家都很少陪我，时间长了我也习惯自己一个人玩了。

解读

研究发现，家庭成员越多，关爱越充足的环境下成长的宝宝越外向活泼，语言能力、行动能力、社交能力也越强。因为接触人越多的宝宝，掌握的社交技巧就会越多。其实，每一个宝宝天生都具有强烈的社交欲望，如果这一愿望得到很好的满足，宝宝的身心就会得到健康发展，适应生活和社会的能力就会更强。事实上，每个家庭的环境和条件都不同，很多时候无法满足宝宝最初的这一社交需求，珍珍就是这样的情况。宝宝的社交需求是随着自己的成长而变化的，宝宝从最初的依赖某一个人，到后来的依赖多个人，都是不同社交环境作用的结果。

当宝宝的社交需求长期得不到满足时，宝宝就会变得越来越孤僻，对外界心存恐惧，人多时还会出现紧张不安的表现。另外，“隔代抚养”的孩子，由于老人的过分溺爱，就会变得依赖性很强，出现胆小、敏感、生活自理能力差等问题。

妈妈怎么做

找出“病根”。造成宝宝性情孤僻的原因有很多，妈妈要仔细分析宝宝的真正“病根”所在，然后对症下药，不可盲目地病急乱投医。找到“病根”后，妈妈要制订详细的计划，对宝宝进行教育引导。有些宝宝一旦形成这种性格，再改变起来就需要一定的时间，爸爸妈妈切不可心浮气躁。俗话说得好，“江山易改，本性难移”，相信水滴石穿，再难治的“痼疾”，只要有爱，只要有不肯妥协的精神，就会治得好。

不要吝惜表扬。实践证明，表扬是治疗自卑的一剂良药。妈妈经常对宝宝进行鼓励可以有效改善宝宝的自卑心理。对宝宝的优点要适当放大赞扬，对宝宝的缺点则要轻描淡写地指出，并引导其改正，这样，宝宝就会逐渐变得自信。

多接触外界。多带宝宝进入社交场合，接触不同的环境和不同的人，让宝宝逐渐放松，在玩耍、运动中，逐渐学会交往，打开自己封闭的世界。

攀高爬低的“探险家”——探索精神的驱动

4岁的宝宝，尤其是男宝宝，经常会攀高爬低，妈妈一不留神，他就会爬上高高的土堆，然后再从土堆上跳下来，站在一旁的妈妈看得都心惊肉跳的。

孩子的心声

妈妈别担心，我是勇敢的探险家！

解读

宝宝这一行为，是探索世界、征服世界的进一步尝试，这也会锻炼宝宝的意志，增强宝宝的信心，为宝宝以后的成长奠定基础。

妈妈怎么做

宝宝的大胆探险行为是值得鼓励的，但前提是必须保障宝宝的安全。妈妈可以为宝宝划定一个具有挑战性但也不至于发生危险的探索范围，里面可以堆一个不高不低的土堆，供宝宝攀登；为宝宝准备一个滑梯，让宝宝爬上去，再坐着滑下来；还可以准备一个木头做的跷跷板，供宝宝玩耍。宝宝在玩耍时，妈妈要鼓励宝宝大胆尝试，当宝宝达到目标时，妈妈要给予宝宝适时的表扬，但是妈妈也不可以让宝宝进行危险的探险活动，一旦发现应及时阻止。

精力十足的“多动症”——适当减少刺激

小杰3岁10个月大，是一个活泼好动的小家伙。他早上一睁开眼，就表现出了超强的精力，一边玩玩具，一边小嘴里发出各种战机、机枪等声音，“嘟嘟——当”“嗒嗒嗒——”一直到晚上还又蹦又跳，没有一刻安静的时候。家里甚至小区里的每一个角落都被小杰钻过、跳过、爬过，他身上的衣服被弄得脏得不行，有时玩疯了，磕了绊了，小杰也从来不当回事儿，根本不会哭。奶奶本就追不上他，一天下来，浑身跟散了架一样。妈妈见此情景，很是担心：“这孩子是不是得了多动症了？”

见多识广的奶奶在这时会说：“我们的宝宝这么活泼，说明孩子很健康，怎么会得什么多动症。”可妈妈觉得奶奶是“老脑筋”，还是不信奶奶的话，于是带上小杰去了医院。

孩子的心声

我总是觉得身上有使不完的劲儿，即使玩一整天也不觉得累。

解读

这一时期的宝宝，只要健康，精力就会比较旺盛，尤其是身体素质较好的宝宝，他们往往非常爱玩、爱闹，永远有使不完的劲儿。他们对很多事情都抱有强烈的兴趣，一直会执着地探索下去。这和多动症的孩子会有明显的区别，健康的宝宝不会萎靡不振，即便躺在床上的前一刻也丝毫不会蔫蔫的，他们往往在被迫赶上床后，嘴里还不断地恳求妈妈再让他玩一会儿。

妈妈怎么做

区分宝宝是多动还是好动。多动症的宝宝通常会表现出行为超出常理、动作迟缓、语言能力差、缺乏自制力、情绪缺乏稳定性等特征。判断多动症的一个简单的办法是：观察宝宝对一件事情的注意力是否能持续一段时间（5~10分钟），患多动症的宝宝，即便是面对自己最喜爱的动画片，注意力也会难以持续集中。而健康的宝宝行为活动正常，无上述症状，并且具有规律性和目的性。

正确地教育引导。活泼好动的宝宝通常比一般的孩子具有更强的思维能力和动手能力，反应会更灵敏一些。妈妈可以针对宝宝的这些优点进行更有意义的引导，使宝宝潜在的能力得到更大程度的开发。

适当减少刺激。过多的刺激会使宝宝更加爱动，所以妈妈尽量给宝宝布置一个相对安静的环境。不要带宝宝频繁接触更多的人和事情，以免让宝宝的小脑瓜不断受到刺激，得不到休息。

改变家里的不良氛围。宝宝对大人的情绪都会有敏感的体察，过分沮丧的家庭氛围，容易导致宝宝焦虑。因此，爸爸妈妈平时要注意营造温馨和谐的家庭氛围，这样的环境会让宝宝感到轻松。

自私吝啬的"小气鬼"——尊重宝宝的物品占有欲

4岁的艾艾变得越来越小气了，自己的零食、玩具从来不会给别人，就连最亲近的爸爸妈妈也不成，只要是自己的东西，都看得紧紧的。

一次，芳芳来做客，妈妈拿出艾艾的玩具给芳芳玩，谁知芳芳刚拿到玩具，就被艾艾一把抢了过去，还口口声声说"是我的，是我的"，吓得芳芳哇哇大哭。妈妈一面惊讶于艾艾的"粗野"，一面哄着芳芳。过了一会儿，妈妈又拿来艾艾的饼干给芳芳，谁知被艾艾看到，又像疯了一样地冲过来，妈妈见状赶紧抱起芳芳离开，艾艾却躺在地上大哭大闹起来。

这时，爸爸从卧室里冲了出来，对艾艾说："芳芳是你最好的朋友，人家来找你玩，你应该好好款待人家才对，怎么这么自私不懂礼貌呢？"可是艾艾哪里听得进爸爸的话呢，一直哭得快要背过了气。爸爸百般不解，艾艾怎么成了"吝啬鬼"呢？

孩子的心声

玩具和零食都是我的，妈妈没有经过我的同意就随便送人是不对的。再说，我和小玩具之间已经有了深厚的感情，可妈妈竟狠心地将它们给别人玩。

解读

很多宝宝都会有艾艾的这种行为，因为这一时期宝宝正处在"自我中心"时期，对每一个物品都有很强的占有欲。所以，艾艾才会对自己玩过的、吃剩下的所有东西，理所当然地认为是属于自己而别人无权占有的。爸爸妈妈不理解这一心理，就误认为宝宝是"吝啬鬼"，不懂礼貌。如果妈妈强行将宝宝的东西给别人，就会让宝宝的自尊心受到打击，从而变得敏感、胆小。

妈妈怎么做

尊重宝宝。家长要学会尊重宝宝，对于宝宝的东西，妈妈要征求宝宝的同意后方可让给其他宝宝。征求宝宝意见时还要注意用商量的语气而不是命令的语气。在平时，妈妈要用身教的方式让宝宝逐渐明白怎样对待朋友和客人。如家里来客人时，妈妈可以说："邻居王阿姨要来了，妈妈要给她吃妈妈最喜欢的草莓，因为她是我们家最好的朋友。"

让宝宝决定自己的事情。对于日常小事，妈妈可以让宝宝决定和做出选择，但对于涉及原则的大事妈妈就要进行引导了。

给宝宝设置专属空间。妈妈可以给宝宝设置一个小小的专属空间，让宝宝学会整理自己的物品，将自己的物品有序地放置其中。宝宝可以按照自己的意愿整理布置自己的空间，成为小空间的真正主人。

这样做，一方面可以满足宝宝的占有欲，另一方面则可以培养宝宝整洁有序的良好习惯。

习惯于依赖——缺乏自理能力训练

3岁半的小峰已经上幼儿园了，因为自理能力太差，妈妈去接时每次都会听到老师的投诉。据幼儿园的老师反映，小峰吃饭、上厕所都需要老师帮忙，就连做游戏也不能像其他小朋友一样顺利地完成。小峰笨手笨脚，很不自信，根本无法独立地做完一件事，给老师和小朋友添了很多麻烦。

这时候妈妈才想起平时对小峰太过溺爱了，什么事情也舍不得让他做，就连洗脸都是奶奶帮着洗。刚开始小峰也愿意尝试着做这些，可是妈妈怕小峰做不好，就一手代劳了，后来小峰索性连尝试的兴趣都没有了，理所应当地让家长代理着生活中的大小事情。想到这里，妈妈后悔不迭。

孩子的心声

在家里妈妈什么也不让我做，所以我什么也不会做，只有让别人帮忙了。

解读

值得注意的一点是，宝宝的依赖性强不能和自理能力差画等号，这是两个不同的概念。2～4岁的宝宝，会出现黏人的现象，前面已经讲过，那是因为宝宝产生的分离焦虑和探索恐惧所致，本身却充满探索和动手的欲望。而这时宝宝的依赖，是因为长期得不到良好的锻炼所致，造成宝宝没有能力独立完成日常生活中的各种事情。进入幼儿园的宝宝，则会因为自理能力差，从而产生强烈的自卑心理，缺乏上进的动力。

妈妈怎么做

不要剥夺宝宝动手的能力。宝宝在认识世界、成长的过程中，是富于探索精神的，他们愿意自己动手做事，通过自己的努力完成一些事情，感受到自己的能力，从而变得更加自信。如果家长因所谓的“爱”剥夺了宝宝动手的权利，宝宝就会变成一个笨笨的孩子。

日常生活中，妈妈可以让宝宝学会自己穿衣服、吃饭、叠被子，甚至可以让宝宝学习帮助妈妈做家务。

用行动来教育宝宝如何做。妈妈在教育宝宝如何做的时候，不要只用语言空洞地说，而是要为宝宝亲自演示，一遍不行，可以多遍，这样宝宝就会更清晰地掌握动作要领。比如，在教宝宝叠被子时，妈妈可以这样说："宝宝，看妈妈怎么做，只要折一下，再折一下就好了！瞧，多简单，就连妈妈都会呢，宝宝更不成问题了！"

管不住嘴巴的"小馋猫"——可能有不良情绪的诱因

宝宝的食欲状况也是很多妈妈关心的问题。有的宝宝食欲不振；有的宝宝偏食；还有的宝宝特别贪吃，成了名副其实的"小馋猫"。前两种情况比较常见，不再赘述，那就来说说第三种情况。

可爱的姗姗是一个非常贪吃的小家伙。每次都是被妈妈强行赶下饭桌，不甘心的姗姗会在妈妈收拾完桌子后，偷偷地跑到厨房吃口这个，再吃口那个。除此之外，姗姗每天还要吃很多零食，走到哪儿吃到哪儿，手里从来不离零食，嘴巴没有一会儿空闲。

出去逛街，每每看到别的小朋友吃东西，姗姗的眼睛总会盯着人家一动不动，就好像那是自己从来没有吃过的人间美味一般。每每家里有客人带来一大堆吃的，也会被姗姗以最快的速度消灭掉。

看着姗姗这样，妈妈开始担心起来，小家伙是不是得了什么病？

孩子的心声

我爱吃，我想吃，所有的食物都是美味。

解读

在日常生活中，和姗姗一样贪吃的宝宝并不少见。这些宝宝有一个共同特点就是，对食物表现出非常大的兴趣和依赖，他们其实已经吃饱了，却还要不停地吃，因为只有这样他们心里才是舒服安全的。难道这些宝宝的胃口真的如此好吗？实则不然。

一般说来，同龄的、健康的宝宝之间的食量差距不会太大。他们身体发育尽管存在着差异，但对营养的需求量是差不多的。即便是食量稍微大些的健康宝宝，也不会一天到晚食物不离嘴，只是在就餐时才会吃得更多些。所以，爸爸妈妈要注意了，如果自己的宝宝也出现了像姗姗一样的过分“贪嘴”行为，很可能是以下原因造成的：

1.当宝宝过分焦虑、不安、紧张，缺乏安全感时，可能会通过食物来缓解自己的不良情绪。

2.人际关系单一、与人接触少的宝宝，尤其抑郁质的宝宝会觉得食物是自己最好的“伙伴”，因为食物可以时时陪伴在他的身边。时间久了，宝宝就会出现“贪食”倾向。

对于宝宝的贪食行为，妈妈不可心急，更不能强制宝宝停止“贪嘴”。这样做可能适得其反，宝宝因为焦虑或者对大人产生叛逆情绪，“贪嘴”就会越来越厉害。

妈妈怎么做

宝宝“贪嘴”有害无益。如果宝宝吃得过多，会造成消化系统、中枢神经系统的负担过重，也会抑制中枢神经活动的运行，使语言、记忆、思维受到阻碍，从而影响宝宝智力的发育。所以，妈妈一定要采取适当的方式控制宝宝的“贪嘴”。

培养宝宝规律的饮食习惯。规律的饮食习惯，要从全家的每一个人做起，而不能单单要求宝宝这样做。同时，妈妈要多费心思，为家人、为宝宝合理安排膳食，宝宝就会逐渐健康起来。

减少零食。很多零食中含有对身体健康有害的色素、防腐剂等化学制剂，宝宝大量吃零食势必会有损自身的健康，而且过多无规律地吃零食，还会使宝宝减少吃正餐的量。

面对超市琳琅满目的食物、小朋友嘴里的零食，亲朋好友送来的零食……这个生活几乎被零食充满的社会，别说宝宝，就是成年人也会难抵诱惑。但是妈妈可以为宝宝制定 “家规”来约束宝宝吃零食，比如，宝宝每周可以自己选择一种最喜欢吃的零食；吃零食的时间必须在饭后等。

不可放纵教育。如果家长对宝宝的教育过于放纵，势必会导致宝宝任性妄为，所以家长对宝宝的日常管教不可忽视。

“人来疯”——宝宝的表现欲

京京是一个热情好客的孩子，尤其是家里来客人时，他就会异常活跃起来，又蹦又跳，又吵又闹，还拉着客人和他一起玩。妈妈和客人说话，他就一个劲儿地问这问那，搅得大家无法再说话。

“这孩子，典型的人来疯！”妈妈无奈地说。

孩子的心声

家里突然来了这么多人，我真是太高兴啦！

解读

家里来客人让宝宝过度兴奋，通常是因为家里出现了以前没见过的新面孔，让宝宝感觉新奇，还有就是在和客人的接触过程中，宝宝发现客人往往会带来好吃的，也会表现得特别疼爱宝宝。再者，因为宝宝还小，对新鲜的人和事物往往也会流露出短暂的新奇兴奋感。不仅如此，大一点儿的宝宝还会借有客人的最佳时机，向爸爸妈妈提一些平时爸爸妈妈不会轻易答应的要求。比如，要吃棒棒糖等。因为有客人在的时候，爸爸妈妈通常会没有时间和宝宝“纠缠”，只要宝宝听话就可以了。

妈妈怎么做

不要忽略宝宝。来了客人以后，有的家长就会把宝宝打入“冷宫”，宝宝在一旁眼巴巴地望着，大人们也是只顾说话。这样一来，宝宝就只能“制造”出一些动静来吸引大人的注意了。所以，妈妈一定要时不时地和宝宝搭上几句话，和客人聊一些宝宝的事情，让宝宝有被关注的感觉。

让宝宝也来招待客人。不妨让宝宝加入招待客人的行列中来。比如，准备午饭的妈妈可能忙不过来，可以让宝宝给客人端水果，或者陪着客人聊天，让宝宝也过一把“当主人”的瘾。这样，宝宝就会学着爸爸妈妈的样子来招待客人了。

让宝宝“才艺表演”。在客人面前表现自己的长项，是大多数宝宝喜欢做的一件事，因为通过这件事，可以得到客人的赞赏。于是宝宝很盼望有“才艺表演”的机会，也会表现得很乖。

正确对待宝宝的“人来疯”。对于宝宝的“人来疯”，家长往往会采取暴力手段或者事后教训的方式，但前者宝宝会心生叛逆，反而变本加厉；后者宝宝会认为客人在的时候才是最“安全”的时候，此时不乐何时乐，也会越发珍惜客人在的“美好时光”，大乐一把。

增加对宝宝的关爱。研究发现，“人来疯”的宝宝通常是平时较少得到父母关注，于是宝宝只有从客人那里来求得额外关注了。所以，宝宝如果有“人来疯”现象，家长就要注意了，平时应该多多给予宝宝关爱。

喜欢恶作剧的“淘气包”——想象力和创造力的呈现

3岁7个月的小莲是一个人见人爱的活泼宝宝。可是最近妈妈发现小莲变得淘气了：小家伙开始热衷于捉弄家里的每一个大人，先是偷偷地将奶奶的发簪藏到了鞋盒子里，害得奶奶找了大半天；接着又将爸爸的手表丢到了脸盆里，好好的手表进水后就无法工作了；后来又把妈妈的高跟鞋藏到了厨房的柜子里，害得妈妈上班迟到了……每次看到大人着急，小莲都会高兴得直跳，气得大人哭笑不得。

孩子的心声

捉弄大人真有意思！

解读

研究发现，喜欢变着花招“捉弄”大人的宝宝，通常智商较高，而且富有创造力和想象力，他们比那些听话、循规蹈矩的宝宝将来成才的概率会更大。因为每一个“捉弄”大人的方案都需要精心策划一番才能成功，需要宝宝动脑筋思考才能做到。这一行为有利于宝宝智力的开发，其功效不逊于学校布置的家庭作业。另外，这一行为同样有利于增强宝宝的独立性。挑战大人的“不允许”，本身就是胆量和智力的进一步开发，宝宝会在每一次的成功中，体会到独立带给自己的成就感，也会进一步增强自信。

妈妈怎么做

“淘气”是好事，要宽容。对于宝宝的“淘气”，爸爸妈妈不妨把它看成宝宝一次充满创造力和想象力的尝试。每一次成功，不知宝宝有多开心，他们甚至可以手舞足蹈。这是成功的喜悦，是发自内心的。如果爸爸妈妈讲着成人的道理，打压宝宝的“恶作剧”，无疑也熄灭了宝宝的创造力和想象力，试想，这将是多么大的损失。有的爸爸妈妈可能认为，言之过矣。其实不然，换个角度，你应该为宝宝的“淘气”感到骄傲。

小“淘气”，大“教育”。这一阶段的宝宝仍然缺乏把握事物尺度的能力，如果妈妈任由“淘气”无限演变下去，说不定就会演变成不良的行为，所以，妈妈要对宝宝进行引导。其实，细心的妈妈不难发现，在宝宝的每一次“淘气”中都会隐藏着教育的契机，只要抓住时机，就会将淘气中的不良因素“变废为宝”。比如，小莲将发簪藏在鞋盒子里，妈妈可以适时地教育宝宝：“宝宝知道发簪是用来干什么的吗？发簪可以将奶奶乱乱的头发束在一起，你愿不愿意帮奶奶用发簪梳梳头？”

无邪的“淘气”，有害的言行。宝宝的每次行为，不能都认作是天真无邪的“淘气”，里面也混杂着一些不良的言行，妈妈要注意区分。如果是后者，妈妈就要及时制止了。比如，宝宝说脏话、暴力行为、破坏行为等。对于宝宝的这些行为，爸爸妈妈可不要马虎大意，认为宝宝还小不需要管教，而是要适时给予批评和指正，将不良言行扼杀在萌芽阶段。

第五章

走向独立的5岁：读懂宝宝的行为

> 宝宝身心发展的突飞猛进 >>

5岁这个年龄段是宝宝身心发展的又一次“革命”。他们拥有令成人羡慕的旺盛精力、超强自信、独立意识、好奇心、动手和模仿能力……这些特征在宝宝身上犹如百花齐放，让爸爸妈妈不禁感慨，宝宝真的长大了。5岁的宝宝有着自己的生活方式，他们喜欢过家家，扮演各种角色；他们喜欢像小工匠一样，把玩各种锤子、扳子、剪子等工具，稍不留神家里的玩具小汽车就会被拆得稀巴烂；他们的头脑里有着比《十万个为什么》还要多的“为什么”；他们有自己的小见解，有时候对问题的看法让爸爸妈妈瞠目结舌……

第一节

爱学、好问：读懂宝宝的行为特点

越帮越忙——渴望大人的称赞和鼓励

4岁半的悦悦，最近让妈妈既高兴又犯愁。悦悦比以前动手能力增强了许多，什么事情都会抢着做，帮着做，却让妈妈更加忙。看着妈妈做饭，悦悦也会过去抓把面想尝试一下，结果弄得面粉到处都是；妈妈择菜，悦悦也非要择，结果菜没择干净，弄得满屋都是菜叶子；妈妈洗衣服，悦悦也会第一时间冲到洗衣盆边上，拿起整袋洗衣粉，一下子全都倒了下去，泡沫泛满了地板……这哪里是来帮忙啊，简直是“搅场子”来的，妈妈的工作量陡然增加了好几倍。

孩子的心声

瞧，我已经能帮妈妈做好多事情了，够厉害吧!

解读

这一时期宝宝的动手能力已经显著提升，这一特征体现在宝宝成了“帮忙”的狂热分子。只要看到大人在做事情，小家伙就会变得热情高涨，信心满满地前来“出一把力”。无奈眼高手低，受生活经验的局限，一不小心“好事变成了坏事”。面对宝宝的热切渴望，妈妈是拒绝呢，还是举手欢迎呢？其实，5岁的宝宝，渴望动手，更渴望大人的称赞和鼓励。古人曰“小不忍则乱大谋”，所以，对于这一问题，建议爸爸妈妈忍“添乱”之小忍，谋教育之大谋，方为上策。

妈妈怎么做

将事情化“繁”为“简”。为了让宝宝不把事情搞得一塌糊涂，妈妈可以降低做事情的难度。比如择菜，妈妈可以将择掉烂叶改为让宝宝数数一棵菜上是几片叶子，看宝宝能数到几，这样既锻炼了宝宝的做事能力，又锻炼了宝宝的数数能力。

重新分派“任务”。对于有些事情，的确不适合宝宝参与的，妈妈可以重新为宝宝分配一项任务，比如，清扫多宝格里的摆件，以防宝宝把贵重物品打碎，就不能让宝宝参与了，但是妈妈可以为宝宝准备一个小水盆和小抹布，给宝宝一个塑料玩具让宝宝把它洗干净，以此来化解危机。

肯定宝宝的这一行为。宝宝的一片“良苦用心”应该值得家长称赞。这个时候爸爸妈妈给宝宝的最大奖励莫过于一句鼓励和表扬的话语：“宝宝，你真棒，真是妈妈的好孩子，妈妈爱你！”

继续播种良好习惯的种子。鼓励宝宝的偶尔几次“帮倒忙”，让这颗善良的种子发芽成幼苗，再长成大树，成为一种恒久的良好习惯。这一习惯，也会让宝宝的孝顺之德悄悄萌芽。

没病装病——寻求关注，试探大人的爱

妈妈忙于工作，就将4岁的满满送到外婆家居住。外婆家有一个哥哥，一个姐姐，哥哥姐姐都比满满大2岁。满满经常和姐姐哥哥玩在一起，3个孩子都非常开心。可是最近满满动不动就喊："肚子疼，不舒服！"吓得外婆几次带着满满去医院，可是一检查都是虚惊一场，医生说满满很健康。妈妈很惊讶，满满居然会装病了！

孩子的心声

哥哥姐姐不爱带我玩，我一有病，他们又都围着我转了。

解读

满满在家里受到父母的关注会多一些，可是当满满来到一个陌生的环境，满满就不再那么受关注，因此心里就会缺乏安全感，于是会想出一些"计策"来吸引大人的注意，以此来试探大人的爱。

妈妈怎么做

顺应宝宝的生活习惯。更换生活环境会让宝宝多少感到不适应，尤其是满满这种情况，父母又不在身边陪伴。即便是关系亲密的外婆，宝宝也会感觉到有巨大的差异，因此，这对宝宝来说是一个巨大的挑战。所以，

当宝宝来到一个陌生环境居住时，如果父母无法陪同，就要将宝宝的生活习惯告诉照顾孩子的亲人，让其尽量接近宝宝的生活习惯，使宝宝逐渐适应。另外，多给宝宝关注，家庭环境要舒适温馨些。

让宝宝尽量生活在父母身边。任何一种爱都替代不了父母的爱在宝宝心中的位置，很多人认为“隔代亲”，但老人对宝宝通常过于溺爱。不可否认，社会上也存在着数量庞大的“留守儿童”，既然这种儿童被作为一种现象提出来，其中显而易见存在着较为严重的问题。这种长期和爷爷奶奶生活在一起的儿童，在教育和性格上，通常会存有很多问题，如依赖性强、孤僻、胆小等。因此，宝宝不适宜长期在“陌生”环境中生活，爸爸妈妈应尽量让宝宝生活在自己的身边。

顺藤摸瓜摸清宝宝的心思。宝宝的行为都是有原因的，可能是爷爷奶奶对他的关注少了，可能是觉得失宠了，可能是想家了。如果老人只是哄孩子，或者对宝宝的要求反应比较迟钝，那就会积累一些问题，会让宝宝有这些失常的举动。如果爷爷奶奶不像父母那样了解宝宝的话，只是问宝宝怎么了或为什么，宝宝是很难表达清楚的，而且老人也不一定能真正理解。

所以，可以用一个简单、有效的办法，就是“猜心思”。只需让爷爷奶奶提出很多假设，多问问宝宝“你是不是……”这样可以尽快找到原因。此外，宝宝也能通过这种关注和询问感受到对方的爱和理解。

怕鬼怪——孩子的恐惧心理

5岁的兰兰是一个非常喜欢听故事的宝宝，这一习惯从兰兰3岁多就开始了。可是，最近兰兰突然开始害怕“怪物”和“大灰狼”，小家伙不再敢独自睡觉，有时候还经常半夜吓哭，嘴里嚷着“大灰狼，还有怪物，我好怕……”妈妈赶紧安慰兰兰说：“没有大灰狼，也没有怪物，这都是假的。有妈妈在，宝宝很安全。”可是依然不见效。爸爸埋怨说：“都是你整天给她讲故事弄的！”妈妈一脸无辜。

孩子的心声

故事里的怪物和大灰狼都出来咬我了，我好害怕！

解读

5岁的宝宝想象力非常丰富，他们会把故事里、动画片中看到的图片、影视形象储存在大脑中，然后经过想象把头脑中的印象无限放大。故事中吃人的“妖怪”和吃羊的“大灰狼”就会恶狠狠地向宝宝扑来，宝宝会感到紧张、恐惧。所以，像兰兰出现的这种状况，是想象力作用的结果。

其实，儿童有恐惧心理是一种正常的现象。调查发现，超过90%的儿童都会有不同程度的恐惧心理。每一个年龄段儿童恐惧的对象、恐惧的对象数量会有所不同，这与儿童智力和身心的发育有关。

半岁以前的宝宝会对高分贝的噪声有着特殊的恐惧；半岁到1岁的宝宝会对洗澡用具、陌生的人和事物有着特殊的恐惧；1～2岁的宝宝会对独自睡眠、父母的安危状况、排便有着特殊的恐惧；2～5岁的宝宝会对故事中的鬼怪、孤独、医院等有着特殊的恐惧。

随着宝宝独立能力的加强和智力的发育，宝宝会逐渐克服恐惧。宝宝对不同事物的恐惧一般不会超过1年的时间。因此不会对宝宝有不好的影响。

爸爸妈妈可以通过一些观察来判断宝宝是否属于正常发育过程中的恐

惧：看看宝宝是否仅仅对一种或几种事物有恐惧感；当宝宝离开恐惧源时是否就会安然如故；宝宝的恐惧是否只是生活中的小插曲，而不会影响到正常生活。通过对上面问题的分析，如果得到肯定的结论，爸爸妈妈就不必过于担心。如果宝宝的恐惧程度和时间都要超过上述问题中提到的现象，宝宝可能存在着一定的心理问题，妈妈就要带宝宝去医院进一步检查了。

妈妈怎么做

给宝宝做榜样。爸爸妈妈在宝宝面前要树立起勇敢的榜样来，当黑夜来临，当电视里的“怪物”吃人时，爸爸妈妈就要表现得毫无惧怕之色，并鼓励宝宝，妖怪最终都会被勇敢的人消灭掉。这样的话，宝宝身处黑暗或者恐惧的环境中，也会学着爸爸妈妈的样子变得勇敢。

平淡对待宝宝的恐惧。由于宝宝缺乏对事物的认识，大人的情绪表现往往会成为宝宝判断事物的参照。所以，当宝宝因惊恐而哭泣时，妈妈如果表现得过分心疼，会让宝宝意识到事态的严重性，就会越发觉得恐惧。如果妈妈表现得毫不大惊小怪，而是觉得没什么，宝宝也会觉得事情并不严重。

不要否认宝宝害怕的感觉。当宝宝害怕时，家长应该认可宝宝的感觉是真实的。不要嘲笑，不要批评，否则不仅解决不了宝宝害怕的心理，而且会伤害宝宝的自尊心。反之，如果宝宝害怕了，妈妈首先认可了宝宝，然后再给予心理疏导，宝宝就会降低恐惧的程度。如跟孩子说：“宝宝不怕，宝宝还记得小猎人吗？瞧，小猎人最后不是一枪打死了那只可恶的大灰狼吗？所以大灰狼已经死了，宝宝的玩具箱里还有一支猎枪呢，宝宝忘了吗？”

为宝宝选择一些健康书籍。爸爸妈妈要为宝宝选择一些没有暴力、血腥场景的健康书籍。在日常看电视的过程中，也尽量别让宝宝看到恐怖画面。总之，妈妈要为宝宝构建一个健康和谐的生活学习环境。

转换恐惧角色。角色扮演游戏是化解宝宝内心恐惧的好方法。爸爸、妈妈和宝宝一起来扮演故事里的角色吧，重新上演一场书中的故事。让宝宝表演大灰狼等反面角色，在表演的过程中，宝宝会真实体会到反面角色带给自己的体会，这样宝宝就会更加客观地认识这些角色，逐渐消除恐惧。

仗义——宝宝的正义感

5岁的飞飞是一个很有号召力的宝宝，在幼儿园里，同班的小朋友都愿意围着飞飞转。但是有一个问题让妈妈既高兴又担忧，别看飞飞只有5岁，却有一股“行侠仗义”的大侠风范，每每路见不平，都会将“行侠仗义”发挥得淋漓尽致，受欺负的小朋友“获救”了，欺负人的小朋友却被飞飞打哭了。这可苦了妈妈，每次都要赔着笑脸给人家的父母道歉。

孩子的心声

看到别人欺凌弱小，我就忍不住要出手相助。

解读

好打抱不平的宝宝具有强烈的正义感，以及明辨是非的能力。但是由于宝宝把握分寸的能力依然有限，所以妈妈应该对宝宝的行为进行适当引导。

妈妈怎么做

肯定宝宝的“正义”行为。对于宝宝的“行侠仗义”，妈妈首先应该肯定宝宝的出发点是正确的。鼓励宝宝以后遇到欺凌弱小的不公道行为时应该站出来制止。

引导宝宝理解“正义”的真正含义。飞飞打哭了欺负别人的小朋友，说明“正义”过了头。宝宝自然不懂得这些，但妈妈应该让宝宝知道，凡事都有个度。这个度需要妈妈教宝宝怎样去做。比如妈妈可以教飞飞：“小刚欺负玲玲是不对的，男孩子不能欺负女孩子，你站出来制止小刚是对的。可是你把小刚打哭了，这就不对了。你应该通过讲道理的方式告诉小刚，他的行为是不正确的；如果他不听，你还可以找老师啊！”这样宝宝就会认识到做事情的出发点是好的，最后的结果不一定是正确的。妈妈还可以让小刚给玲玲道歉，同时让飞飞给小刚道歉，让他们真正明白自己错在哪里。

三分钟热度——缺乏持久兴趣

斌斌的妈妈是一位优秀的教师，因此斌斌不到5岁就学会了毛笔字、绘画、象棋等很多技能。可是让妈妈头疼的是，斌斌虽然非常聪明，学什么都一学就会，但是斌斌学习的兴趣就像夏天的雷阵雨，来去匆匆，尽管一开始兴趣很高，但只有三分钟的热度。

孩子的心声

我什么都想尝试一下，但时间长了就觉得不好玩了。

解读

造成宝宝做事三分钟热度的现象既有内在因素也有外在因素。内在因素是宝宝的好奇心使然，并非真正的兴趣。好奇心是短暂的，这种心态仅仅是一种猎奇心理，当学习中遇到困难或者新鲜感消失后也就不会再有兴趣，因此就只有三分钟热度了。外在因素是家长的攀比心理，看到别的小朋友学这学那，家长也盲目跟从，并没有从宝宝的真正爱好出发。

妈妈怎么做

针对宝宝缺乏持久兴趣的内在因素和外在因素，妈妈可以通过正确引导，获得解决。

帮助宝宝制订计划。妈妈要冷静分析宝宝的真正兴趣所在，在兴趣班的选择上不应该盲目，给宝宝做一个不浮躁的榜样。在宝宝选择好自己真正喜欢的兴趣班之后，妈妈可以帮助宝宝制订短期的目标。目标不要过高，让宝宝能够完成即可，这样在不断完成小目标的过程中，宝宝就会逐渐地树立起信心来，也会越学越有劲，逐渐打下坚实的基础。

引导宝宝正确认识自我。认识自我最重要，这对宝宝来说是一门重要的课程。妈妈要教会宝宝客观评价自己，通过和过去的自己相比较判断自己是否进步，而不是和别人盲目攀比。妈妈还要为宝宝确定一个适合他能力的学习目标，目标尽量集中专一，不能盲目求多。培养宝宝持之以恒的坚韧精神，这一过程往往比结果更重要。

尊重宝宝的天性。研究发现，宝宝在玩耍中学习知识，比用被强制的方法学习知识要学得快而且印象深刻。宝宝的天性是玩耍，所以，妈妈在给宝宝选择兴趣班时，功利心不要太强，也不要给宝宝制订不切实际的目标，使本来很有趣的学习变成了沉重的负担。

第二节

改善不良行为习惯，培养自律

不懂得拒绝——宝宝要学会自己做主

4岁的可可是一个“矛盾”的宝宝。每次小朋友向他借玩具，他都会答应，答应过后，却又自己想玩，又哭又闹。妈妈说宝宝心里不愿意，却又不会拒绝别人，真是好无奈。

孩子的心声

以前妈妈总是叫我让着小弟弟、小妹妹，现在我虽然觉得委屈，但已经习惯这样了。

解读

宝宝不会拒绝别人，通常是由以下原因引起：

平时家庭教育的影响。在日常的家庭教育中，家长过于强势，经常干预宝宝的意愿。比如，强迫宝宝把自己的玩具分给别的小朋友玩，强迫宝宝吃不喜欢的饭等，长期的父母干预会影响宝宝自己做主的能力，宝宝就会变得没有主见了。

因胆怯所致。宝宝遇到让自己害怕的小朋友，就会违背自己的意志不得不屈服。

妈妈怎么做

让宝宝自己做主。给宝宝自己做主的权利，让宝宝对自己的玩具、自己的生活做主，家长要尽量少干预。比如宝宝和小朋友玩耍时，是否给别的小朋友玩玩具，让宝宝自己来决定，妈妈可以适当引导，但不可以强行干预。在平时的生活中，妈妈还可以有意识地培养宝宝做主的能力，比如让宝宝参与一些事情的决定，充分尊重宝宝在家庭中的角色，让宝宝也对事情发表一下自己的看法等。

克服宝宝的自卑心理。如果宝宝一味迁就别人的需求，而牺牲了自己的利益，宝宝很可能是因为自信不足引起的。这个时候家长就要注意了，分析一下宝宝缺乏自信的原因是什么，是教育方式的问题，还是宝宝自身的原因，然后对症下药。不论如何，当宝宝有了自信，独立能力、社交能力就会自然随之提高。因此，日常生活中家长一定要注意宝宝自信心的培养。

教会宝宝正确地拒绝。有的宝宝不会拒绝别的小朋友，是因为宝宝从来就不知道怎样拒绝别人，或者有的宝宝拒绝别人的方式过于突兀而容易伤害别人，这就说明宝宝没有掌握正确的拒绝技巧。所以，妈妈在日常生活中应该教会宝宝如何拒绝别人。如跟他说："宝宝，如果你不愿意把玩具给别的小朋友，你可以说，我还没有玩够，不想现在给你玩，等我玩够了再给你玩吧！"

总是说脏话——宝宝的好奇心

4岁半的文文是一个人见人爱的宝宝，非常懂礼貌，见到人总会主动"叔叔阿姨、爷爷奶奶"地叫着。可是最近，妈妈发现文文时不时地会冒出脏话来，刚开始妈妈很吃惊，虽然及时制止了，但文文并不当回事，后来这种现象越来越严重，文文居然成了脏话连篇不受人喜欢的孩子了。

孩子的心声

为什么我一说那些话大人的脸色就变得很难看？我觉得挺好玩的。

解读

随着宝宝社交的范围逐渐广泛，接触的语言环境就会更加复杂。宝宝突然接触到脏话，会有新奇之感，而说脏话时大人的异常反应，让宝宝更觉得有趣。

妈妈怎么做

降低宝宝说脏话的兴趣。如果宝宝说脏话时，大人表现得过于激烈，就会引起宝宝对脏话的兴趣并不断重复使用。宝宝说脏话时，妈妈可以适当批评一下："宝宝，这句话是坏孩子才会说的话，宝宝是好孩子，以后就不能再说这些话了。”如果宝宝还继续说脏话，家长故意不搭理宝宝，宝宝就会觉得这些话不利于沟通，也会淡化说脏话的兴趣。

认真对待宝宝所说的脏话。很多家长对宝宝说脏话处理的方法都不太妥当，要么过于严厉，要么过于松懈。针对宝宝说的几种不同的脏话，家长要采取不同的措施。

对他人具有辱骂性的脏话，这类脏话伤害力大，应及时严肃制止，丝毫不能宽容，告诉宝宝这些脏话带给别人的伤害；无法把握分寸的重话，如“我要剥了你的皮”“我要宰了你”等，家长要告诉宝宝这些话的真正意思；对他人无伤害的脏话，家长就不要理会宝宝，只稍微冷淡一下宝宝，宝宝的兴趣自然就会随之淡化。

营造一个正确使用语言的环境。家长平时说话要注意用语，不能满嘴脏话，为宝宝树立一个良好的榜样，营造一个温馨的家庭氛围。

吐字不清楚——要加强语言训练

涵涵已经4岁半了，可是说话仍然吐字不清楚，“二”和“爱”、“知”和“子”等字混淆不清，妈妈一遍遍地纠正，可是涵涵一点儿改进都没有。

孩子的心声

妈妈不要太着急，也许我大一些就好了。

解读

宝宝在2~5岁时，语言系统正处于发育期。宝宝对语言系统的控制力还不够强，比如对上颚、舌头、气管的整体协调运用能力还不够自如，所以有时候会出现吐字不清的现象。加之宝宝正处在长牙期，没长齐的小牙也会带来“漏风”的麻烦。另外，家庭中成员如果同时使用方言和普通话，有可能导致宝宝吐字的含混不清。所以，如果宝宝不是因病变和智力障碍引起的吐字不清，就不必过于担心。

妈妈怎么做

抓住一切机会，多给宝宝示范语言。比如在游戏的过程中，妈妈可以模仿儿童的语言为宝宝示范，“嘎嘎嘎，一群小鸭子排着队走了出来，宝宝，快数一数，1、2、3……”语言要简单、多些童真，这样，宝宝也会跟着妈妈来说“1、2、3……”

及时纠正宝宝不正确发音。对于宝宝的错误发音，妈妈不要批评，而是要适时纠正，并鼓励宝宝继续尝试下去。如：“不是一、二、三的‘二’，而是我爱你的‘爱’。记住了吗？妈妈爱宝宝的爱，宝宝再说一遍。”

言传身教。在宝宝学习语言时期，家长要尽量放缓语速，吐字清晰地和宝宝进行交流，给宝宝树立一个好的榜样。

对于器质性病变要及早诊治。如果宝宝超过5岁了仍然吐字不清，这时候妈妈就要注意了，很可能是宝宝的语言系统有先天的器质性病变，如舌头过大等。因此，妈妈应及早带宝宝进行检查治疗，切忌忽视拖延。

幼儿早期语言障碍的表现：年龄在1岁以上，还只能发元音；超过1岁半，发音还不正确，在大多数话中有音节区分不清的；超过2岁半还不会讲话；超过3岁，说话还不能连成句子；超过5岁，还把难发音换成易发音，还有不少造句错误，说话还不流利，语言的节奏、速度和抑扬都表现得异常。宝宝说话吃力，感到为难，并能自我意识到。

给妈妈的小锦囊：

妙招一，带宝宝去多种场合，如海洋馆、博物馆、商场、游乐园等地方，让宝宝积累更多的生活阅历。

妙招二，在游戏中开发宝宝的智力。妈妈可为宝宝多准备些宝宝感兴趣的玩具和物品，陪宝宝做他感兴趣的游戏，让宝宝在实践中不断学习。

妙招三，鼓励宝宝多和别人交流。语言的训练最终还要回到交流的实践当中，通过和别人的交流，宝宝才能逐渐掌握更多的语言技巧。

妙招四，知识就是力量。让宝宝多接触好的图书、文学、诗歌等，让宝宝学会讲故事，当宝宝积累更多的知识时，宝宝的语言能力也在潜移默化地增长。

爱插嘴——要学会倾听

快5岁的红红是一个小嘴巴非常厉害的宝宝，这让妈妈非常高兴，但是妈妈发现红红仿佛是一个天生的语言“独裁者”，在看到别人说话时，她总会插嘴，没有礼貌地打断别人说话，使交流无法继续下去。

孩子的心声

我知道你们在说什么。

解读

5岁的宝宝处在求知欲非常强烈的阶段，他们最喜欢问为什么，因此大人在谈话的时候，经常会被宝宝的“为什么”打断。大人这个时候需要停下来耐心地为宝宝讲解，以满足宝宝的求知欲。

另外，宝宝爱插话是因为宝宝的自我意识加强，各项能力增加，小家伙也需要经常展示一下自己的“见识”，来展现自我。这个时候妈妈如果训斥宝宝的插话，很可能就会伤害宝宝强烈的自尊心。妈妈可以告诉宝宝，在大人说话的时候，不能没礼貌地插话，可以在大人说完的时候再说。

俗话说，童言无忌。宝宝有什么就会说什么，有时候可能拆穿大人的谎言，大人不免因此而恼怒，但是妈妈要知道宝宝是无心的，他只是想表达自己想说的而已。因此，父母一定要言行一致，做到诚实守信。

妈妈怎么做

选择合适的谈话地点。大人谈话最好选在能让宝宝开心玩耍的场所，比如公园，新奇的、多彩的场所更有利于吸引宝宝的注意力，宝宝就不会热衷于插话了。

让其他人代替看护。如果大人的谈话较为重要，那就尽量让爷爷奶奶等家人代为看护，让宝宝暂时离开谈话的地点。

用图书转移宝宝的注意力。具有精美图片的图书通常是宝宝的最爱。一方面图书可以让宝宝投入其中，另一方面图书也会让宝宝学到很多知识。

避开和宝宝发生冲突。如果宝宝非常热衷于插嘴，使对话无法进行，妈妈可以等宝宝入睡后，选择其他的方式，比如到室外或通过电话的方式来进行。也可以在谈话时，给宝宝一个电话玩具，让宝宝给自己的玩具小猪打电话，转移宝宝的注意力。

给宝宝树立一个好的榜样。家长懂礼貌，宝宝自然也会懂礼貌。本书多次提到父母要为宝宝树立榜样，是为了强调家长行为的重要性。宝宝具有极强的模仿能力，轻而易举就能学会父母的言行举止，所以，爸爸妈妈一定不要在别人说话时插嘴，做一个礼貌的人。爸爸妈妈可以为宝宝进行一个现实场景的对比演练，爸爸和外婆讲话，妈妈等他们讲完后再说话，然后外婆表扬妈妈懂礼貌；爸爸和外婆讲话，妈妈不礼貌地打断了他们，外婆严厉地批评了妈妈，妈妈说："对不起，请原谅。"这样宝宝从大人的对话中就能慢慢理解打断别人说话是不礼貌的。

坚持原则。对于宝宝经常打断别人说话的行为，妈妈一定要坚持制止。对宝宝进行教育，不能前后不一，制止几次后，宝宝还是这样，很多妈妈就失去耐心放弃了，任由宝宝插话，这样宝宝就会认为只要坚持是可以插话的。坏习惯的纠正是需要一定时间和耐心的。

用更加有趣的活动转移宝宝的注意力。大人谈话时，妈妈可以让宝宝看自己喜欢看的动画片，或者玩宝宝自己最喜欢的玩具，支开宝宝。

给予宝宝参与谈话的权利。在大人谈话时，妈妈要将宝宝介绍给客人，让宝宝礼貌地和客人打招呼，适当和客人交流。在大人交流的过程中，适当给宝宝一定的说话时间。

爱提问——父母的回答没有满足宝宝的需求

5岁的宝宝会热衷于问为什么，他们口中的为什么，可能《十万个为什么》都无法解答得过来。乐乐就是这样一个宝宝，"为什么"成了他的口头禅。令妈妈头疼的是，乐乐的问题很多时候妈妈都不知道怎样回答，似乎在“常规”中根本无法找到正确的答案。

“妈妈，你为什么要睡觉？”

“妈妈困了。”

“那你为什么困啊？”

“是因为妈妈累了。”

“为什么会累？”

……

妈妈觉得乐乐好像有永远问不完的问题，她永远也答不完，往往到后来，妈妈只能强行让乐乐安静下来。

孩子的心声

我不是故意捣乱，只是觉得妈妈的答案不是我想要的。

解读

在宝宝的眼里，他们问的问题没有主要、次要之分，然而大人习惯地将他们的问题按照主次轻重进行分类，对待重要的就会认真些，对待不重要的就会敷衍了事。很多家长只忙着怎样回答了，却忽略了宝宝内心中真正想要的。所以乐乐妈妈才会出现白费了半天劲儿，却没有答到点子上的现象。

妈妈怎么做

读懂宝宝的真正心声。宝宝的表达能力弱，还不能完全准确地表达自己的想法，宝宝问妈妈为什么睡觉，为什么累，很可能是宝宝累了，想睡觉了；有时候宝宝没完没了问问题，也许是因为觉得无聊了，想找妈妈聊聊天。妈妈可以适当地引导宝宝正确表达出自己真正的想法，比如宝宝问妈妈为什么睡觉，妈妈可以说："妈妈困了，宝宝是不是也困了呢？"在妈妈无法回答时，妈妈可以问"宝宝是怎么想的？""你说呢？"等反问宝宝。

认真对待宝宝的问题。对待宝宝的问题，妈妈不能敷衍，更不能不负责任地随便回答，而是要力求准确。对于一些复杂的无法回答的问题，妈妈可以和宝宝共同探讨，通过网络、书籍等方式找到正确答案。

从书中寻找答案。有些问题，妈妈一时解答不了，可以帮助宝宝从图书中寻求答案。多让宝宝接触图书，很多人生的哲理就掩藏其中。

回答富于童趣。在回答宝宝的问题时，妈妈不要用一本正经的成人语言来回答，而是要多一些童趣的话语。如宝宝问："为什么金子是闪闪发光的？"妈妈可以回答："我曾经给你讲过《矮人的礼物》，里面善良的小裁缝获得了黄澄澄的金子，而贪婪的小金匠得到的是黑漆漆的煤。这说明了什么？说明金子之所以发光，是因为它是送给善良人的礼物。美好的事物总会发出光芒的，金子也一样。"如果妈妈用成人的理解来解释，如"金子是一种稀有矿物质……"宝宝不理解，就会不断地问下去。

爱吹牛——维护自尊心

5岁的波波在幼儿园里是一个"吹牛大王"，看到别的小朋友玩飞机，波波就会凑上前去说："这个飞机算什么，我家有好多比这个大的飞机。"看到别的小朋友吃零食，他会说："我爷爷是开商店的，有一大屋子的零食。"看到波波总是爱吹牛，小朋友们都不爱理他了。

孩子的心声

我什么都有，我最厉害！

解读

宝宝的自我中心意识，使得他希望得到别人的关注和注意，来维护自己的自尊心。如果教育不当，宝宝甚至会通过撒谎来达到这样的目的，从而影响了人际关系。

妈妈怎么做

鼓励宝宝自我展示。满足宝宝的自尊心，给宝宝自我展示的机会，让宝宝得到别人的认可并认识到自身的价值。

教会宝宝换位思考。教会宝宝正确处理人际关系，引导宝宝学会从别人的角度来看问题。比如，妈妈可以说："如果别的小朋友在你面前吹牛，你是不是也会觉得不舒服呢？"让宝宝学会如何尊重他人。

引导宝宝正确与人交往。教会宝宝在人际交往过程中的基本技巧是非常必要的。比如，宝宝可以通过与人分享来展示自己，或者通过帮助小朋友来展示自己，通过竞技比赛来展示自己等。

不知道感恩——缺少相应的言传身教

从小就衣来伸手、饭来张口的嘉熙，像生活在蜜罐里一样。随着嘉熙的长大，他对爸爸妈妈的要求越来越多，有时候妈妈不答应，他就会变着法地达到目的。而且得到满足后，从来不会对爸爸妈妈说一句"谢谢"，仿佛这一切成了理所当然的。嘉熙还说爸爸妈妈在自己心里排在最后一位，这让爸爸妈妈很寒心。

孩子的心声

我的朋友最重要。

妈妈怎么做

让宝宝感受爱心的力量。在生活中，适时让宝宝感受爱心的力量。比如，当爷爷看报纸时，妈妈让宝宝给爷爷送上一杯热牛奶，爷爷就会满脸慈祥地抱住宝宝亲一口，然后再赞扬一句："我的乖孙子，真是一个孝顺孩子！"再比如，当妈妈蹲在地上洗衣服时，爸爸让宝宝给妈妈抱过去一个凳子，妈妈的脸上也会流露出欣慰的笑容。这些好的信号传递给宝宝，宝宝会形成正面的记忆，慢慢就会形成主动自发的习惯，长大后也会成为一个孝顺孩子。

让宝宝学会从他人角度看待问题。妈妈要教会宝宝站在他人的立场上来分析问题，学会从他人的角度出发，友善地对待周围的人和事物。

孤独不合群——社会适应能力需要提升

5岁的雅尼只喜欢一个人玩耍，从来不喜欢和小朋友们一起玩。他喜欢一个人独来独往，似乎对别的小朋友玩得热火朝天的游戏丝毫不感兴趣。

孩子的心声

爸爸妈妈不让我随便和别人玩，我习惯一个人玩了！

解读

宝宝不合群实际上是由两方面因素决定的，一方面是由先天气质类型决定；另一方面与父母的教育有关。其中，后者起决定作用。

由于父母的原因，宝宝长时间生活在一个人际关系单一、封闭的环境中，多与玩具或者故事书、老人为伴，与小朋友接触得少，宝宝就会逐渐变得害怕和小朋友接触。有的父母过于溺爱宝宝，对处在学习期的宝宝所有事情都由自己来代劳，给予了宝宝太多的关注，使宝宝做事少了主观能动性，变得动手能力差，独立意识弱。久而久之，宝宝连穿衣服、做游戏这样简单的事情都无法自己来，更别提处理复杂的社会人际关系了，别的小朋友也会因为宝宝依赖性太强而不喜欢和他玩。还有的父母对宝宝管教过严，宝宝对什么事情都缩手缩脚，不敢自作主张。进入学校后，宝宝将面对复杂的人际关系，这会使没有经验的宝宝显得不安甚至恐惧，所以宝宝只有被动躲避，成了“孤家寡人”。

很多家庭里爸爸妈妈对孩子都有些“爱过了头”，导致宝宝的社会适应能力很弱。如果爸爸妈妈错过了对宝宝的最佳引导时期，宝宝就会形成沉默寡言、内向孤僻、偏执的性格。

妈妈怎么做

宝宝不合群，父母责任重大，因此教育不可忽视。妈妈可以提早做准备，防患于未然。

提升宝宝的语言能力。语言是社交的基础，较强的语言能力能够帮助宝宝获得别人的信赖和喜欢，有利于沟通，有利于社交关系的建立。因此，妈妈平时可以通过讲故事，让宝宝试着叙述自己的经历，有意识地锻炼宝宝的语言能力。

鼓励宝宝多与小朋友游戏。父母可为宝宝多创造一些和小朋友玩游戏的机会。对于胆小的宝宝，妈妈可以陪着宝宝一起和小朋友们游戏，妈妈要适时地鼓励宝宝："宝宝真聪明，玩得真棒！"随着宝宝和小朋友的逐渐熟悉，妈妈就可放手让宝宝自己和小朋友玩耍了。

鼓励宝宝交朋友。有朋友的宝宝是快乐的，朋友之间的友谊、美好的回忆能够让宝宝的心理获得健康发展。妈妈要教会宝宝如何与人相处，如何结交好朋友以及如何对待自己的朋友。不仅如此，妈妈还要鼓励宝宝多请自己的朋友来家里做客。

提高宝宝的合作能力。培养宝宝的合作能力实际上是培养宝宝与他人之间的默契。平时妈妈可以试着让宝宝参与一些事情，通过分工合作让宝宝懂得合作的重要性。也可以让宝宝和小朋友合作共同来完成一些游戏，让宝宝明白有些事情必须靠与人合作才能完成。

让宝宝参与一些体育运动。体育运动不仅可以锻炼宝宝的体魄，而且可以锻炼宝宝的胆量和与人配合的能力。因为很多体育运动是由多人共同参与才能实现的，宝宝在参加体育运动的过程中，通过与队友的合作，来对垒另一方对手，整个活动需要勇气和智慧。而社交也是一个需要勇气和智慧的过程，因此这无疑锻炼了宝宝社交技能。

带宝宝多旅游，开阔视野。美丽的自然景观以及各地的人文历史，都会陶冶宝宝的情操，同时开阔宝宝的视野，有利于打开宝宝封闭的心门。在旅游的过程中，妈妈可以让宝宝参与一些事情，如购物、订餐、订票等，锻炼宝宝的交际能力。旅游过程中的新气象、新人文，会吸引宝宝的注意力，提高宝宝的交际热情。所以，妈妈可以利用假期多让宝宝参加一些有意义的旅游活动。

让宝宝学会商品交易。妈妈可以让宝宝从小参与一些小的商品交易活动，如替妈妈购买调料，参与购买自己的衣服，卖废品等。针对宝宝的年龄，妈妈可以让宝宝参与不同难度的商品交易活动。在商品的交易过程中，宝宝会逐渐接触到不同类型的人，并且在讨价还价、吃亏上当中，不断积累社交经验。在遇到挫折时，宝宝的自信往往会受到挑战，这个时候就需要妈妈及时给予鼓励和引导。

在校乖巧，在家刁蛮——不同人际关系中的不同面貌

5岁的媛媛在学校里是个非常受老师喜欢的宝宝，她不仅长得漂亮，而且非常有礼貌。可是回到家里就变成了“刁蛮”的小公主，爸爸妈妈说什么她都不听，妈妈批评她时，她还会顶嘴，还把家里搞得一团糟。完全没有了幼儿园时乖巧听话的样子。

孩子的心声

在老师和同学面前我表现得很乖巧，回到家我就不用装样子了。

解读

调查发现，这种“两面派”的宝宝通常是在学校里表现突出的宝宝。那么究竟是什么原因造成了宝宝的这种两面性呢?

不良的家庭环境造成。如果宝宝生活在父母经常吵架的环境中，爸爸妈妈从来不注意自己的言行举止，往往当着宝宝的面互相诋毁、互相不尊重，这样宝宝也会逐渐对父母减少尊重，并出现顶撞父母、不听话的

行为。

宝宝在外面受压抑后在家里发泄。由于平时父母过于溺爱宝宝，使得宝宝的独立能力、社会适应能力较弱，在外面遭到同学和小朋友们的欺负，一直隐忍不敢反抗，长期以来形成了自卑懦弱的性格，一到家里宝宝就会得到放松了。

家长只在乎学校教育，而忽略了家庭教育。在学校被赞扬惯了的宝宝，出于社会的舆论压力，只能继续伪装下去。在家里妈妈忽略了对宝宝的礼仪、做人方面的教育，宝宝觉得在家里便可以无拘无束，无须再伪装了，所以宝宝在家里就会展示出自己真实的一面来。

妈妈怎么做

培养宝宝的抗挫折能力。妈妈可以通过一些事情，偶尔让宝宝尝试一下失败的感觉。比如说，妈妈可以和宝宝下五子棋，不要故意让着宝宝，也不要让宝宝每次输，适当地让宝宝输几次，要让宝宝明白一个道理，任何事情都会有输有赢。当宝宝输了的时候，妈妈要适时鼓励宝宝："没关系，宝宝努力就成了，瞧，就连聪明的爸爸也会有输的时候呢！"通过这样的教育，宝宝以后就不会对挫折表现得过于悲观和敏感，从而让宝宝提高抗挫折能力。

肯定宝宝也是家庭"小主人"。别忘了宝宝也是家庭的小主人，尽量让宝宝参与一些事情的决策，为一些事情出谋划策，让宝宝也为难一下，知道不是所有事情都是顺利的。这样既培养了宝宝的家庭责任感，又提高了宝宝的社会适应能力。

窝里横——害怕失去

4岁多的子奇，在家里是一个“小皇帝”，颐指气使、飞扬跋扈，全家人都得围着他转。可是一到外面，“小皇帝”就变成了“小宫女”，子奇整天追随别的小朋友，仿佛就是一个小跟班，没有了一点儿领导气质。爸爸无奈地对妈妈说：“我们的子奇，就是在家里威风，一到外面就没能耐了。”

孩子的心声

我想和他们玩，但是我怕失去他们。

解读

宝宝们中间的确存在着领导者，他们经常心甘情愿地围绕着一个较“强势”的孩子，把他奉为孩子王。宝宝们中间这种领导地位的确立是自然形成的，那些领导者很可能是在某项游戏或者事情上具有优势技巧和能力的孩子，而且这种领导地位，经常会因为游戏的更换而发生变更。

宝宝在一个新的人际关系环境，就会表现出新的面貌，这和前面讲的宝宝具有多面性是相似的。宝宝在家里霸道，说一不二，不能被简单地认为有领导能力。

另外，宝宝害怕失去朋友，很有可能是宝宝在以前的记忆中曾经被排斥过，或者被伤害过，所以宝宝会变得更为敏感、谨慎。这从另外一个角度看，也是宝宝一个进步的表现。

妈妈怎么做

培养宝宝的独立能力。研究发现，独立能力强的宝宝，在未来的学校生活中，会具有较强的主见和影响力。这种独立能力需要经过漫长的儿童培养期以及长大以后在学校实践活动中长期锻炼才能得以充分发展。

自理能力强的宝宝会通过较强的技术能力，来赢得他人的信任甚至崇拜，这绝对是靠真本事说话的。因此，家长平时要培养宝宝的动手能力、独立能力，比如，可以让宝宝参与一些家务事，让宝宝真正作为家庭中的一员参与事情的决策等。身为领导者的宝宝，会有很大的成就感和自豪感，并会通过实践不断使自己的能力加强。这为以后宝宝的成功奠定了良好的基础。

家长对宝宝的领导力，要有正确的认识。很多宝宝都具有多面性，在家里发号施令，说一不二，或者单纯模仿电视节目中的某个领导者的行为。家长不能认为宝宝就具有领导力，第一点已经讲过，领导力需要一个漫长的培养过程，是实践磨炼的结果。家长不能因此而经常夸奖宝宝，这会对宝宝产生误导，使宝宝误认为，发号施令就是领导力，不利于宝宝领导能力的培养。

培养宝宝做事要有恒心。一件事能够善始善终，能够不畏艰难，坚持到底，是领导者必备的一种精神。宝宝的注意力和耐心都非常有限，一件事情很难一直坚持下去，这个时候就需要大人来鼓励宝宝继续坚持下去，体会成功的喜悦。

让宝宝学会承担责任。一个出色的领导者肯定是一个勇于承担责任的人，所以，要从小培养宝宝勇于承担责任的精神。妈妈要放手让宝宝独自做一些事情，并让宝宝承担事情的后果，因为很多能力都是在承担后果以后才能真正学到。比如，宝宝外出郊游，可以让宝宝带着郊游需要的地图，可是宝宝忘记了，那么妈妈要告诉宝宝："因为你没有带地图，所以我们全家就只能放弃这次难得的郊游机会了。"宝宝承担了后果，下次就不会轻易再犯这样的错误了，宝宝就会明白，自己不应该丢三落四，应该对事情负起责任来。

如果妈妈不放手让宝宝自己做主，宝宝最终会变成一个柔弱的、缺乏自理能力的孩子。妈妈若肯委以宝宝大任，宝宝就会快速成长，在能力提高的同时，也学会了如何做人。

培养宝宝的社交能力。1.出色的沟通能力。语言沟通是社交的工具，良好的语言能力能够赢得别人的信任和喜欢。

2.学会与人分享。与人分享是获得他人信任的重要手段，没有人会喜欢一个自私自利的人。

3.乐于助人。在别人有困难的时候，乐于伸手帮助，会让宝宝拥有一颗善良纯洁的心。这必将让宝宝在以后的生活中获益。

4.拥有同情心。让宝宝学会同情别人，学会从别人的角度来思考问题，对建立和谐的人际关系有很大的帮助。

学会控制自己的情绪。宝宝还小，控制自己情绪的能力有限，无论开心还是悲伤，都会表现得十分直接，不免会伤害他人或自己。因此，家长需要有意识地培养宝宝的情绪控制能力。

宝宝的阅历有限，在面对困难时，会觉得如末日来临，吓得逃避甚至大哭不止。妈妈一定要鼓励宝宝，告诉宝宝这没什么。妈妈还可以把自己的童年经历作为教材来教导宝宝，人在童年的时候都会遇到一些困难，只要学会处理，一切都将会过去。对于宝宝的恐惧，妈妈不要批评，不要伤害宝宝的自尊心。

妈妈还可以教会宝宝控制情绪的小技巧，比如，当宝宝生气时就要停止所有的行为，等自己冷静下来再继续。或者，当宝宝情绪要发作时，可以在心里默默数数，待情绪稍微稳定后再处理……

不愿表现自己——宝宝的自卑心理

4岁的朵朵不愿意在人多的地方说话，不愿意主动和小朋友玩耍，每次妈妈鼓励她，她都会像小刺猬一样，向后缩成一团。朵朵平时做事向来没有主见，每当妈妈让她做事的时候，她都会说："我害怕，我不会……"妈妈看到朵朵这样，非常担忧，但也不知该怎么办。

孩子的心声

我害怕自己做不好。

解读

宝宝自卑通常是由以下原因引起：

错误的教育方式。在平时的教育中，爸爸妈妈如果经常使用批评、训斥的方式，容易让宝宝对自我能力产生怀疑，久而久之就会产生自卑的心理。

父母望子成龙，望女成凤，使得家长经常让宝宝做些能力达不到的事情，时间长了，宝宝的自尊心也会受到打击。

过分溺爱。妈妈过分溺爱宝宝，什么事情都代劳，使得宝宝的社会适应能力差，导致宝宝自卑。

大人对宝宝的偏见。不公正对待，会让宝宝没有安全感，从而感到自卑。

研究表明，自卑会给宝宝身心的健康发展带来很大的阻碍，是一种典型的性格缺陷。自卑往往从宝宝很小的时候就开始逐渐萌芽、发展，因此美国儿童心理治疗专家霍夫曼认为，父母在预防儿童早期自卑心理上负有重要责任，一旦发现儿童有自卑倾向，需要及时治疗。霍夫曼提示广大家长，儿童自卑在早期是会有一些征兆的。

① 长时间情绪低落。

特征：宝宝无缘无故经常表现出一副忧郁沉闷的样子。

② 过度害羞。

特征：不愿意接触任何生人，不愿意在人前讲话，见到生人就脸红不好意思。

③ 没有朋友。

特征：对朋友的兴趣寡然，就喜欢一个人玩，从来不主动结交朋友。

④注意力不集中。

特征：对任何事情注意力都难以长期集中。自卑心理导致他们无法对一个事物产生强烈的兴趣。

⑤ 敏感多疑。

特征：对别人的言语非常敏感，无法接受批评，内心脆弱。

⑥ 过分追求表扬。

特征：比正常宝宝更渴望别人的表扬，甚至不惜以欺骗、撒谎的手段获得。

⑦ 容易嫉恨他人。

特征：对于比自己强的宝宝，自卑的宝宝往往会心生嫉妒，并喜欢用语言贬低他人，这是压抑心理的一种宣泄。

⑧ 破罐子破摔，不求上进。

特征：没有上进心，精神低落，故意做一些不好的事情，大人批评时，有“反正我就这样差”的自暴自弃的心理。

⑨ 语言能力弱。

特征：语言表达不连贯，词不达意，甚至口吃，语言能力低于正常儿童。

⑩拒绝竞赛或比赛。

特征：对比赛或竞赛类活动通常都会回避，有强烈的渴望成功的欲望，但是因担心不如别人，而选择回避。

妈妈怎么做

多多鼓励、表扬宝宝。对于自卑的宝宝来说，表扬无疑是增强他们自信的一剂良药。宝宝还不能依靠自己做出自我评价，而是通过大人对自己的评价作为重要参考。如果大人经常鼓励和表扬宝宝，宝宝就会认为自己做得非常棒。这样也会增加宝宝做事的积极性及对大人的信赖感。

多参加体育锻炼。体育锻炼可以增强宝宝很多能力，如合作能力、协调能力、胆量等。妈妈可以教会宝宝一些适合儿童的体育运动项目，如跳绳、呼啦圈、篮球等。

教宝宝客观评价自己的进步。告诉宝宝要和自己比，将今天的自己和昨天的自己相比，不要盲目攀比，将注意力从别人身上转移到自己身上。这样宝宝就会发现其实自己每天都有新的进步。

为宝宝创造成功的机会。妈妈可以创造条件不时地让宝宝成功一下，让宝宝也体会一下成功的乐趣。试着让宝宝参与多种不同的活动，让宝宝在不同的活动中体验成功，这样宝宝就会逐渐获得自信。

柔弱的男子汉——父亲教育不可缺失

阿蒙快5岁了，父母离异后，和妈妈生活在一起。妈妈觉得自己的宝宝根本不像男孩子的样子，他平时像个小女孩似的从不玩男孩子玩的游戏，特别害羞，还经常哭，哭声也很细的，像个女孩子。妈妈对外婆埋怨说：

“这孩子会不会越长越像个女孩子啊？将来要成为娘娘腔，可怎么办？”

孩子的心声

我从小和妈妈、外婆生活，从来也都是和女孩子一起玩，我不知道如何和男孩子一起玩。

解读

其实造成宝宝像女孩一样柔弱，是有很多原因的。如文中的阿蒙，就是因为家庭缺少父亲这样一个男性角色，没有人教他男子汉究竟应该是怎么样的。另外，目前很多家庭对孩子非常娇惯，于是造成宝宝依赖性强，养成了刚强不足、柔弱有余的性格；再者社会上尤其电视上出现的“中性”文化潮流，对宝宝也有一定的影响。

有人说父爱如山，说明父爱包含着威严、刚强的一面，让宝宝能够从父亲的角色中，体会到男人应该在家庭、社会中担当的角色与责任。父亲用他男性的威严，告诉宝宝什么是男人应该做的事情，以及男孩子应该要做什么事情。

妈妈怎么做

在宝宝成长的道路上，父亲的照顾不可缺失。父亲在宝宝的成长过程中是不可替代的。宝宝在和父亲的玩耍过程中，了解到打斗、篮球、警察和绑匪游戏等带给自己的感受。爸爸甚至可以鼓励宝宝多玩 “挑战刺激性”的游戏，让宝宝从中能够逐渐磨炼自己的胆量。

爸爸要为宝宝树立好榜样。一个做人成功的父亲，为宝宝树立做好男人的典范，甚至会影响宝宝的一生。爸爸要在宝宝面前树立一个坚强、负责的男人形象，而不应在宝宝面前表现出一副畏畏缩缩的样子。如果一个孩子非常崇拜他的父亲，从某种程度上说明父亲对孩子的影响已经深入骨髓，影响到宝宝的行为甚至价值观，所以当好一个父亲的确不是一件易事。

自虐倾向——寻求刺激、寻求压力释放

5岁的晨晨在家里玩时，奶奶无意间发现他正在拿一把水果刀尝试着割自己的手，虽然没有流血，但是手被划了一道印迹，红了一片，奶奶急忙制止了晨晨，并夺下刀。可是晨晨不依不饶，又哭又闹，争着抢奶奶手中的水果刀。后来，奶奶将这件事告知妈妈，妈妈担心地说："这孩子是不是有自虐倾向啊？"

孩子的心声

最近爸爸妈妈老是吵架，对我也不像以前那么关心了，我感到心里不痛快，看着水果刀在手臂上划过，觉得心里舒坦多了。

解读

很多儿童都存在着不同程度的自我伤害行为。以上案例讲到的自虐，和宝宝在1岁之前的拽头发行为有些相近，都属于情绪的宣泄。压抑在宝宝内心的烦躁、忧郁，长时间得不到释放，宝宝就会通过控制自己的肢体，来寻求发泄的途径。宝宝的这种自虐行为，和大人的自杀行为截然不同，宝宝并不是想伤害自己，而单纯是一种情绪的释放与宣泄，通过这种刺激寻找一种快乐，以达到自我缓解压力的目的。

妈妈怎么做

不可轻视宝宝的自虐行为。对待宝宝的自我伤害行为，很多家长都很担心，却不知道如何处理。对待宝宝的自虐，严厉斥责或者放任不管都是不可取的。爸爸妈妈一定要谨慎对待这件事，在思想上引起足够的重视，避免用过激的手段强行处理，如训斥、打骂等。

了解宝宝的真实想法。只有真正走进宝宝的内心世界，才能找到问题的关键。家长要学会和宝宝进行有效沟通，倾听宝宝真实的心声，引导宝宝讲出表面的问题，再用顺藤摸瓜的方法，让宝宝讲出隐藏较深的问题。妈妈可以通过抛砖引玉的方法来找突破口，如妈妈可以说："最近妈妈有一件很心烦的事情，憋在心里很难受，妈妈要和宝宝说一说。这样吧，我们做一个交换，妈妈讲一件自己不开心的事，宝宝讲一件不开心的事，看谁讲得多。"当宝宝讲出问题时，妈妈一定不要批评，不要责怪，不要表现得过于急切，应多鼓励和安慰宝宝。

教宝宝如何正确表达情绪。大禹治水的故事告诉人们，治理洪水，疏导胜于强堵。宝宝的情绪犹如这泛滥的洪水，如果挖好沟渠，让洪水沿着正确的沟渠流走，就能达到从根本上治理的目的。因此，爸爸妈妈需要给宝宝修建这样的排水沟渠，而不是任由洪水到处泛滥成灾，造成很大的伤害。

父母在教育宝宝的时候常常会教宝宝忍让谦逊，却没有教宝宝如何善待自己。家长应该鼓励宝宝说出自己内心的不满，不要给予批评，而是要耐心开解；经常和宝宝聊天沟通，充分尊重宝宝，将宝宝当朋友来看待，这样宝宝就会及时将不良情绪宣泄掉。

吃手的“花脸猫”——引导宝宝度过敏感期

叶叶快5岁了，自从1岁多起养成吃手的习惯后，就一直没有断过。3岁前叶叶吃手，妈妈并没有感到什么，只是认为叶叶处于口唇敏感期和长牙期。可是过了4岁，眼看到了5岁，叶叶依然有吃手的习惯，每次睡觉时，一定要含着小手才能安然入睡。这让妈妈感到十分焦虑。

孩子的心声

我也知道吃手不好，可是我改不了。

解读

宝宝吃手，口水会随着宝宝的嘴流得哪里都是。所以很多父母都很头疼。好不容易盼着宝宝过了口唇敏感期、长牙期，宝宝还是吃手，谁都难免会上火。许多家长害怕宝宝一直吃手，会影响宝宝齿形和长牙。

一项临床调查研究发现，1～6岁的宝宝都会不同程度地存在吃手问题。其中，1岁半～3岁的宝宝吃手率占到19.2%；3岁～3岁半的宝宝吃手率占到10%；3岁半以后则会下降到7.8%，随着宝宝年龄增长直至6岁，宝宝吃手的比率会逐渐下降，但并未完全终止。

妈妈怎么做

吃手安全期——0～3岁。这一时期宝宝吃手，属于发育的口唇敏感期和长牙期，宝宝吃手是为了探知世界和缓解牙龈肿痛。宝宝吃手不会对牙齿造成太大的影响，因为宝宝长完乳牙后，还会有第二次出牙机会，乳牙的参差不齐，不会对第二次出牙造成明显的影响。因此，妈妈不必过于担心。

吃手危险期——3～4岁。这个时期宝宝吃手，容易留下齿型后遗症。3～4岁是宝宝的牙床发育期，吃手的坏习惯会使宝宝恒齿前倾，甚至造成恒齿的齿型缺陷。所以，宝宝3岁前，妈妈就要尽量纠正宝宝吃手的这一坏习惯。妈妈还可以每天替宝宝做牙部按摩，帮助宝宝矫正牙形。

按摩的方法是：用食指朝宝宝吃手时手指的反方向，缓而轻地做按压动作。另外妈妈需要注意手部的卫生。

耐心引导期——4～5岁。4～5岁宝宝依然吃手，应该属于“痼疾”了。俗话说得好，冰冻三尺，非一日之寒。但是妈妈切不可就此失去了耐心。妈妈要有戒掉宝宝吃手坏习惯的信心和耐心。不要强迫宝宝改正，不要经常暗示宝宝，如“以后不能再吃手了，记住了吗？”这无疑又强化了宝宝吃手的记忆。妈妈可以通过转移注意力的方式，比如用玩具占据宝宝的小手，用图书吸引宝宝的视线等；给宝宝讲吃手的坏处，让宝宝明白这是不好的习惯。

6～13岁是宝宝牙齿发育的又一关键期，妈妈应该让宝宝在此之前彻底改掉吃手的毛病。

“我要喝可乐”——宝宝饮料不离口

5岁的雨泽特别爱喝可乐，这一喜好从4岁时就开始了，爸爸妈妈宠着孩子也没有太在意。谁知发展到现在，雨泽对可乐产生了强烈的依赖，每顿饭必须要喝可乐，否则就吃不下饭，水基本不喝，爸爸妈妈这才意识到问题的严重性。

孩子的心声

可乐非常好喝，白开水什么味道都没有，我不爱喝。

解读

目前市场上充斥着大量的饮料，很多饮料对宝宝的身体都会产生不良的影响，尤其是碳酸饮料。研究发现，碳酸饮料可导致儿童肥胖、腹胀、维生素缺乏等不良症状。里面含有的咖啡因，会过分刺激人体的中枢神经系统，导致心跳加速。而且儿童长期饮用，很容易上瘾。

妈妈怎么做

让宝宝多喝白开水。白开水是宝宝最好的饮品，任何饮料都无法替代。白开水能为宝宝提供微量元素和矿物质，而且不含对宝宝身体有害的物质。

用健康饮品替代饮料。妈妈可以自制一些新鲜的果汁来代替饮料，新鲜的果汁饮料富含维生素，且不含对宝宝身体有害的防腐剂等物质，能满足宝宝对甜味的需求。或者妈妈可以适当地给宝宝喝一点儿兑水的果汁饮料，逐渐降低宝宝对甜度较高果汁饮料的依赖。

给妈妈的小锦囊：

一些家常自制饮料，可以成为宝宝的健康饮品。

清爽梨水汤。选新鲜的上好鸭梨，去皮，切成小块，放入水中煮汤，凉凉后给宝宝喝，一天3次，具有清热化痰等功效。

冰糖菊花饮。白菊花适量，冰糖适量，用开水直接冲泡，水温合适后给宝宝喝，具有养阴生津的作用。

银耳羹。将银耳用水泡发，然后放入水中熬煮，直至呈琼脂状，加入适量冰糖，让宝宝服用，可有化痰之功效。

新鲜石榴汁。取新鲜石榴切成小块，捣碎用纱布绞出汁，给宝宝喝，一日几次，具有生津止渴、收缩血管之功效。

另外，妈妈可参考一些养生类书籍的汤羹制法，可为宝宝做些适合宝宝的汤类，来增加水分的摄入。

“我就是不想吃饭”——爱挑食

家豪4岁了，总是爱挑食，遇到自己喜欢吃的，就使劲儿多吃，遇到不喜欢的就不好好吃。妈妈好不容喂到嘴里，小家伙要么吐得哪里都是，要么嚼几下死活不咽，吃饭比吃药还难。

孩子的心声

我不想吃饭，听见“吃饭”就讨厌。

解读

调查发现，5岁以下的宝宝中有将近一半的宝宝存在不同程度的挑食问题。这一问题比较严重的阶段是在1~4岁，有的宝宝甚至到了10岁仍然非常挑食。

挑食会对宝宝的身体健康造成一定程度的影响。挑食会造成宝宝的营养不良、贫血等症状，甚至会影响宝宝的智力发育。一项针对1~3岁儿童的调查显示，健康不挑食的宝宝的智力发育指数可以达到110点，而挑食宝宝的智力发育还不到100点。这些问题都将影响宝宝的身体发育，甚至整个未来。

宝宝断奶后，妈妈可以喂宝宝各种不同味道的食物，来刺激宝宝对不同食物的感受，使味蕾更好地发育。这对防止宝宝偏食会有很大程度的帮助。如果宝宝偏食，妈妈不能强迫宝宝改正，而要耐心通过调整食谱和对宝宝进行心理疏导来慢慢改变。

妈妈怎么做

进餐时减少干扰。宝宝进餐时，避免外界因素影响，如电视、收音机等发出的声音和图像等。

找到宝宝挑食的原因。宝宝挑食可能是因为饭菜不合宝宝的意，这些因素包括饭菜的味道、形状等。还可能因为吃饭时妈妈没有和宝宝交流，让宝宝觉得吃饭是一件枯燥无聊的事情。

避免宝宝边就餐边玩耍。养成良好的就餐习惯，让宝宝像成人一样在餐桌上就餐，不要边玩边吃。

多种多样的食物。妈妈可为宝宝多准备些不同种类的食物。妈妈可以先让宝宝少量尝试，看宝宝到底喜欢哪种食物，以后在宝宝挑食的时候可以适当掺杂着宝宝喜欢吃的食物作为鼓励。宝宝喜欢吃的食物尽量是正餐的一种，不要用零食来替代。

不要强迫宝宝进食。宝宝不好好吃饭，家长不要训斥或者用强迫的手段来逼迫宝宝进食，这样会让宝宝对吃饭心生恐惧。

饭菜多样。饭菜不要单一，在为宝宝制定食谱时，妈妈可以不时地变动饭菜花样。

对于不喜欢吃青菜的宝宝，妈妈可以换一种方式补充宝宝的蔬菜营养，如尝试着做一些菜饼、饺子等让宝宝吃。

可为宝宝准备些营养丰富的生菜。尤其对于不爱吃熟菜的宝宝，妈妈可以让宝宝吃些生菜，如西红柿、黄瓜等。对于异味重的蔬菜如茴香、香椿、韭菜等，宝宝不爱吃，妈妈不能强迫宝宝，妈妈可以采取不同的做法，来让宝宝尝试着吃。

“反正妈妈都会帮我记住”——宝宝的健忘

4岁半的小多一点儿也不让妈妈省心，因为他有一个毛病——做事丢三落四，像是一个头脑不清醒的孩子一样。妈妈只能不时地提醒、帮助他，可是小多就是不长记性，活脱脱一条小糊涂虫。

孩子的心声

反正最后妈妈都会帮忙，我就不用记太多了。

解读

4~5岁的宝宝，空间概念仍然很模糊，加上注意力不能长时间集中，因此对事物先后顺序和时间都无法辨明。他们没有很强的逻辑性，对于很多玩具，也不会有严谨的秩序感和先后顺序，只是随心所欲地玩，过了一会儿又会随手到处扔，转眼就找不到刚刚玩的玩具，甚至玩具就在身边，宝宝瞪着眼睛也找不到。

研究发现，儿童在3岁的时候就开始有了秩序感，妈妈如果稍加引导，让宝宝养成有秩序、有规律的生活习惯，宝宝做事就会有条理得多。宝宝的丢三落四、稀里糊涂，如果任其发展，不加引导，对宝宝将来的学习生活会带来很大的影响，造成宝宝做事缺乏计划性、无条理等问题。

妈妈怎么做

自己的事情自己做。培养宝宝自己的事情自己做的习惯和能力。如果大人过分溺爱宝宝，什么事情都要代劳，宝宝的依赖性就会加强。因为宝宝明白，即便自己做错了、丢三落四了，也没关系，还有爸爸妈妈等着收拾残局呢。所以，事情都会好好的，没有任何后顾之忧。

培养宝宝凡事自己动手的好习惯，是需要一定时间和耐心的，妈妈需要一个逐渐放手的过程，一点点放权，宝宝一点点自己做，就不会感到不安和不适应了。妈妈可以鼓励宝宝自己动手："宝宝做玩具小管家怎么样？看那些玩具，从今天起，由你来负责整理它们，妈妈帮你一次，以后你就学着妈妈的样子整理它们。"

对于宝宝的努力尝试，妈妈首先要鼓励，不论做得好与不好，过程最重要，妈妈都不要随意批评宝宝或者干脆替宝宝代劳，这些都会打消宝宝的积极性。

做一个能够担当的宝宝。对于宝宝来说，家长的叮咛与嘱咐无疑是一种絮絮叨叨，不仅起不到多大作用，最后还可能导致宝宝的叛逆心理。"宝宝，妈妈说多少次了，先吃饭，吃完饭才能玩玩具。"类似这种叮嘱，妈妈还是少说为好。

相比收效甚微的叮咛外，具有一定约束力的规矩或奖励手段就显得有效得多。比如，妈妈可以要求宝宝每天只能在规定的时间看动画片，如果违反约定，就在一周内减少一次吃零食的机会；如果宝宝遵守了约定，就可以奖励宝宝一朵小红花，贴在墙上，等小红花攒够10朵，就可以带宝宝去游乐场或动物园玩一次。

另外，让宝宝学会承担责任。比如，宝宝将玩具扔得到处都是，最后找不到玩具小熊了，这个时候宝宝往往会求助于妈妈。妈妈针对这一情况，不能直接帮宝宝找小熊，即便找到小熊，也要对宝宝说："宝宝自己弄丢了小熊，要自己去找，记住下次要把它放好才可以继续玩。”这样一来，宝宝就会明白，自己找不到小熊，就要承担不能再玩的后果和责任，以后就会逐渐养成不乱扔东西的习惯了。

要避免长篇大论的说教。如果针对一件事家长没完没了地絮叨，宝宝就容易困惑，不知道家长要说什么。因此，家长教育宝宝的语言一定要简洁明确。

要以身作则。日常生活中，家长一定要养成做事有始有终的好习惯，让宝宝在家长的言传身教下健康成长。

“爸爸不会拿我怎么样”——宝宝的耍赖

5岁的群群是一个“小滑头”，爸爸发现他经常说话不算数，说过的话转眼就不承认了。这天晚上，群群本来答应好了，爸爸讲完故事，晚上8点就准时上床睡觉。可是时间已经过了8点，群群还是不依不饶地缠着爸爸讲故事，爸爸说：“我们不是说好了讲完最后一个故事，群群就会睡觉吗？你怎么出尔反尔了？”可是群群就是不听，还是让爸爸继续讲故事，爸爸只好硬着头皮往下讲。

孩子的心声

我知道爸爸不能拿我怎么样，所以我就是说话不算数！

解读

宝宝说话出尔反尔，通常会有以下因素：

父母教育的方式不妥。如群群的爸爸，在群群出尔反尔时，不仅没有给予严肃的教育，而且还放弃了原则，向群群妥协。这就会使宝宝觉得自己耍赖大人是无可奈何的。

宝宝年幼，还没有养成遵守约定的习惯。这个年龄段的宝宝，刚刚开始建立社交原则，对很多约定还只是处于新鲜感阶段，要养成说话算数的习惯，需要大人耐心引导。

妈妈怎么做

引导宝宝学会遵守规则。父母要以身作则，首先自己要遵守规则，然后教导宝宝遵守规则，让宝宝明白，遵守规则是社交过程中必须履行的义务。

规则要简单。制定简单易懂的规则，让宝宝不会有负担，而且容易遵守。

前后一致。如果宝宝不守规则，全家人的态度和处理方式要一致，而且要前后一致。不能像案例中群群的爸爸，宝宝一闹就妥协了，这样宝宝又掌握了一项控制大人的“技能”。

让宝宝学会承担后果。对于宝宝因不守规则所带来的后果，一定要让宝宝自己来承担。妈妈可以适当制订一些奖惩制度，让宝宝体验到遵守与违背规矩带来的不同后果。

“请不要催我”——宝宝的磨蹭

4岁半的芬芬干什么事情都慢吞吞的，仿佛这个世上就没有让她着急的事情。眼看上幼儿园的时间到了，可小家伙还在不紧不慢地吃着面包呢，妈妈催促了多少遍都不管用。气得妈妈说："不知道这孩子像谁，这么磨蹭！"

孩子的心声

妈妈，别催我，我不是正在做嘛！

解读

宝宝做事磨磨蹭蹭，一旦养成习惯，将会对宝宝以后的生活和学习产生影响，导致宝宝成为一个效率低下的孩子。

妈妈怎么做

造成宝宝做事慢的原因有很多。要想改变这一习惯，家长需要找到造成宝宝做事磨蹭的主要原因，对症下药，针对不同问题，实施不同的方案。

针对宝宝不熟练，可多加练习。多数情况下，家长过于心急，一厢情愿地认为宝宝应该怎样怎样。实际上，宝宝还小，对肌肉的控制能力有限，造成了他对每一个动作，并不一定都非常熟练。针对这种情况，妈妈可以有计划地采取一定的方式，让宝宝不断重复锻炼。比如，一次有针对性的小游戏，如果宝宝获得胜利，则给予宝宝一定的奖励。游戏难度不要过高，让宝宝容易达到目标，就能增加宝宝不断尝试的兴趣。

针对宝宝没有时间概念，可用"数字计时法"。如果没有很好的教导，5岁宝宝的时间概念只是模糊的，他们不知道很快做完一件事的意义与好处，只是漫无目的地做着。

针对这一情况，妈妈可以加入"数字计时"提醒法，妈妈在宝宝玩游戏时，可以说："宝宝把玩具装进筐里，妈妈数数，看妈妈数到几，宝宝能够完成，好不好？"在数字的紧迫感下，宝宝刚开始可能依然缓慢，妈妈可以适当加快数数的速度，逐渐让宝宝感到压力。当宝宝很快完成了任务，妈妈则要适时地给予表扬和鼓励，让宝宝体会到，原来很快做完事情就会被大人喜欢，并体会到快速做事的乐趣。

针对宝宝自理能力差，可有意识地锻炼宝宝的自理能力。快节奏的社会生活，让很多家长在照顾孩子的过程中也加快了节奏。许多家长没有足够的耐心和时间让宝宝进行每一次尝试，看到手忙脚乱、做事慢吞吞的宝宝，很多家长就伸手代劳了，这使得宝宝逐渐丧失了做事的兴趣和自信。

针对上述情况，家长在一定范围内，可以放手让宝宝自己完成一些事情，妈妈甚至可以适当强制宝宝必须在什么时间内完成某一件事。比如，宝宝穿衣服慢，误了上学时间，妈妈可以提醒宝宝："下次必须15分钟内穿好衣服，否则迟到是会受老师批评的。"这样可以逐渐培养宝宝的时间观念，让宝宝逐渐学会对时间的控制。

针对自制力差的宝宝，家长要坚持原则。面对众多的诱惑，宝宝因为缺少一定的自制力，所以很容易三心二意。比如在吃饭时，仍然沉浸在玩耍之中；在该睡觉的时间，仍然沉浸在动画片等精彩节目中……

针对以上情况，家长就要抗拒诱惑，坚持原则，在吃饭时，绝对不允许宝宝边吃饭边玩耍；睡觉的时间到了，妈妈就必须让宝宝立即上床，不能由着宝宝的性子来，也不能宝宝一闹就妥协，而应该让宝宝养成严格遵守时间的良好习惯。

迷恋电视——生活过于单调

4岁半的娟娟特别喜欢看电视，吃饭的时候如果不让她看电视，她就不吃饭。每次从幼儿园回家第一件事就是看电视，小家伙眼睛一眨不眨地瞅着荧屏，时而大笑时而阴沉着小脸，表现出很入戏的样子。妈妈怕电视伤害了娟娟的眼睛，想限制她看电视，可是娟娟又哭又闹，不依不饶，妈妈只好由着她了。爸爸担心地说："娟娟这么爱看电视，日后肯定会影响到她的学习。"

孩子的心声

我最喜欢看电视了，因为里面有很多好玩的节目。

解读

宝宝看电视弊大于利，电视不仅会让宝宝变得过早近视，而且会影响宝宝以后的学习。有的家长甚至认为宝宝爱看电视是一种不务正业的表现。这些担心不无道理，不仅如此，电视对宝宝还有以下危害：

阻碍宝宝的身体发育和运动能力。宝宝正处于长身体的时期，如果宝宝长时间保持一个姿势看电视，不利于宝宝身体的发育。

降低宝宝注意力的分配能力。长时间被电视吸引，宝宝将注意力过分集中在一件事情上，注意力分配能力得不到锻炼，将不利于宝宝思维能力的健康发展。

影响社交能力的发展。宝宝长期被动接受电视的信息，缺少像游戏、探险、旅游等活动的双方或多方的互动，这样长期下去会造成宝宝的性格缺陷，如孤僻、沉默寡言等。

妈妈怎么做

规定合理的看电视时间。不同年龄段的宝宝注意力集中时间不同，如1~2岁的宝宝看电视集中注意力时间通常在10~15分钟，而2~3岁的宝宝最长也不会超过1小时。所以，妈妈应该根据宝宝的不同特点来限定宝宝看电视的时间。

选择适合宝宝看的节目。不是所有的电视节目都适合宝宝看，有的电视节目中有血腥、武打、枪战、恐怖等情节，不适合宝宝看，这会给宝宝幼小的心理造成不好的影响。妈妈可以选择一些动画片、音乐、歌曲等互动性强的节目给宝宝看。

陪伴宝宝一起看电视。专家曾经针对同龄的宝宝做过一个实验，将宝宝分成3组：第一组宝宝看电视时没有大人陪伴，并且看电视没有时间限制；第二组宝宝看电视没有大人的陪伴，但看电视的时间要适度；第三组宝宝有大人陪伴，并且看电视的时间要有适度限制。实验结果表明，第三组宝宝的学习成绩好于前两组宝宝的学习成绩。专家解释说，有大人陪同看电视，宝宝会认为自己的行为不是随心所欲的，大人很在乎自己看什么节目，他们会有意识地自我约束。所以，大人应该尽量和宝宝一起看电视，并适当给宝宝讲解电视节目，这样有利于宝宝学到有益的知识。

教会宝宝如何区分电视节目。很多电视节目是不利于宝宝看的。为了有效地利用时间，妈妈一方面要为宝宝选择合适的节目，另一方面要教会宝宝如何选择合适的节目，并为宝宝讲解节目的区分。另外，妈妈可以为宝宝选择一些儿童节目的光盘，这样可以有效地控制“垃圾节目”，还可以控制节目的时间和进度，不失为一个好方法。

拽着妈妈头发睡觉——需要妈妈的爱

5岁的欢欢，睡觉时必须妈妈哄着，因为他有一个习惯，就是睡觉时必须拽着妈妈的头发才肯入睡，否则说什么也不肯睡。即便睡着了，妈妈轻轻拽出头发，欢欢也会从睡梦中惊醒。

孩子的心声

我需要妈妈的安慰和爱抚。

解读

1~5岁的宝宝通常都会有不同程度的依恋行为，宝宝摸头发、摸耳朵、摸妈妈的乳房等行为，有的孩子可能会持续到5岁才慢慢消失。

妈妈怎么做

培养宝宝的独立能力。逐渐培养宝宝独立面对生活的能力，平时要减少宝宝对妈妈的依赖，更多地独立做事。但要注意的是，这一过程要缓慢，不能操之过急。

给予宝宝更多的鼓励和理解。宝宝的这种行为，是成长中的正常现象，妈妈不用过多担心。妈妈可以从中了解到，宝宝是在通过肢体语言表达爱。所以，妈妈也应该尽量用肢体语言来响应宝宝的爱，多拍拍宝宝的后背，揪揪宝宝的小耳朵，摸摸宝宝的小屁股等，增加彼此的接触。

玩弄自己的生殖器——要引导宝宝的性意识

5岁的岩岩有一个让妈妈头疼的怪毛病，他一紧张就会摸自己的生殖器，有时候当着众人的面也会有这种行为，这让妈妈非常尴尬。岩岩的生殖器被自己摸得发了炎，可妈妈怎么说他都改不掉，渐渐地成了习惯。

孩子的心声

我有小鸡鸡，而妹妹没有，大人们还经常夸我的小鸡鸡呢！

妈妈怎么做

宝宝的这种行为，通常和家庭教育与环境有关，一般不会有心理或生理的问题。

保持卫生。这种现象通常出现在宝宝1岁以后。年龄小的宝宝出现炎症，很可能是宝宝撒尿后生殖器上留下了尿碱，用手抓后就会出现红肿现象，因此妈妈要给宝宝勤换尿布，勤清洗，保持宝宝生殖器的干净卫生。给宝宝穿的内裤透气性能要好，宝宝也要经常洗澡。对于有这种问题的宝宝，也要尽量少穿开裆裤。

逗弄宝宝要注意。家长在逗弄宝宝时，尽量不要逗弄宝宝的生殖器，也不要经常当着宝宝的面炫耀宝宝的生殖器，以免宝宝养成不良的习惯。

解除宝宝的好奇心，合理引导。宝宝的好奇心重，玩弄生殖器多是出于好奇心。妈妈要在这个时候适当引导宝宝，告知宝宝生殖器的功能，“这是用来撒尿的，就像厨房里的小水龙头一样，宝宝不能用脏手来摸它，否则宝宝就无法撒尿了”。宝宝的好奇心被合理引导后，就会变成知识被宝宝记下来。

给予宝宝足够的安慰。宝宝内心不安时，会通过这种方式来安抚自己，此时家长应该多安慰宝宝，及时帮宝宝疏导不安的情绪，而不能靠强制或打骂来制止宝宝的这一行为，否则不仅不能缓解宝宝的压力，反而会增加宝宝的心理负担。

养成好的睡眠习惯。好的睡眠习惯是，上床要及时睡觉，睡觉的姿势正确，手不能放在两腿中间，避免长期仰卧的睡觉姿势。

突然尖声惊叫——寻求关注

4岁半的莎莎经常会冷不丁地尖叫一声，尤其是在家里有客人的时候，或者大人聊天的时候，一旦受到冷落，小家伙就会以这种方式抗议。

孩子的心声

我不要被冷落，也不要被催着睡觉。

妈妈怎么做

宝宝有知情权。对于家里来客人或者妈妈有时需要转移注意力的时候，妈妈应该事先通知宝宝，家里要来人了，或者妈妈要做什么事情了，这样宝宝就不会有突然被冷落的感觉了。在做其他事情时，妈妈可以让宝宝参与进来，让宝宝和客人打招呼或者招待客人等。

耐心教导。这一时期的宝宝正处在叛逆期，他们有强烈的自我意识，如果妈妈强行制止的话，很可能引起宝宝更强烈的叛逆心理。所以，妈妈要有耐心，给宝宝讲道理，让宝宝懂得这样做的后果和影响。

问的问题千奇百怪——对世界充满探索欲望

4岁多的成济变得勤学好问起来，而且问的问题很多都很深奥，让妈妈无法解答。“妈妈，人为什么要住在房子里？”“天上为什么会有一个发光的太阳？”“爸爸，你为什么会长胡子？”……妈妈一方面很高兴成济有如此浓厚的学习兴趣，另一方面却为他千奇百怪的问题感到为难。

孩子的心声

世界真奇妙，我想知道答案。

妈妈怎么做

宝宝的提问很多时候并不一定是真正要寻求答案，而是为了引起大人关注。因此，家长不能忽视宝宝的问题，更不能随便回答，妈妈可以为宝宝准备些儿童百科全书等，以便应对宝宝千奇百怪的问题。

此外，妈妈可以准备一些关于儿童问题的参考资料来应对宝宝的问题。

下面分类介绍一些问题，供家长朋友参考：

1.日常生活问题

（1）爸爸妈妈都是大人，难道也有不知道的事情吗？

错误回答：是啊，爸爸妈妈也不是圣人啊。

正确回答：孩子，中国有句话叫作“活到老，学到老”。不仅爸爸妈妈，就连世界上最伟大的人也有不知道的事情。

研究发现，10岁以前的儿童，对家长会有一种绝对崇拜的情愫，在他们眼里父母无所不能，一旦发现爸爸妈妈回答不了自己的问题，或者回答不够准确时，在他们的内心就会有一种失落感。

因此，对于宝宝的每一个问题，父母都要慎重，对于自己无法解答的问题，父母应该及时查询或者和宝宝一起去查相关的数据，而不应草草应付了事。家长可以告诉宝宝："知识就像浩瀚的海洋，我们每一个人都在其中遨游，人们只有不停地学习才有可能靠岸，所以我们一起来寻找这个问题的答案吧。"

（2）我的名字中，为什么有爸爸的姓，没有妈妈的姓呢？

错误回答：每一个人都是这样的，妈妈也不知道。

正确回答：在中国的传统中，爸爸的姓被后代所继承，但也有少数人是随着妈妈姓的，如果你愿意也可以随妈妈的姓。

随着宝宝入学，逐渐对姓名有了初步的了解，当宝宝问起时，妈妈不应该随意敷衍，而是认真给宝宝讲解，同时也会给宝宝一种被尊重的感觉。

（3）我才不喜欢没有香味的蔬菜呢，我只喜欢吃香味浓的肉。

错误回答：蔬菜也和肉一样好吃，快来吃吧。

正确回答：蔬菜里含有很多肉里没有的营养元素，这些营养元素都是宝宝身体发育的关键元素，如果只吃肉不吃蔬菜，宝宝很快就会生病，个子也长不高。

对于偏食的宝宝，如果妈妈强迫宝宝吃，或者欺骗宝宝是不会起到任何作用的，妈妈只有将事情的利弊分析给宝宝听，宝宝才会认识到事情的危害。

2.成长的问题

（1）我会不会越长越小，然后重新回到妈妈的肚子里去？

错误回答：宝宝不要胡思乱想，长大后怎么还会变小呢？

正确回答：宝宝是从一点点长大的，要在妈妈的肚子里生长10个月，过了这10个月，就要从妈妈肚子里出来，独自生长了。

很多宝宝对自己在胎儿时期的样子非常感兴趣，所以经常会拉着妈妈问这问那。作为大人应该认真将这一段时间的趣事和知识讲给宝宝听，一方面满足宝宝的好奇心，另一方面教给宝宝一些生理知识。在讲授的过程中，妈妈可以用袋鼠妈妈的故事来解释这一现象。

（2）我会不会越长越丑，变成丑小鸭呢？

错误回答：妈妈也不知道你将来会变成什么样子啊！

正确回答：每一个人在漫长的成长过程中都会发生改变，如果你不偏食，多吃水果和蔬菜，就会变得很漂亮。

这一阶段宝宝的自我意识使得他们开始关注自己的未来，在和别的小朋友的对比中，往往会因自己的某方面不如别人而感到自卑，或者因为自己的优势而感到骄傲自满。所以，这个时候妈妈一定不要打击宝宝的自尊心，要给宝宝希望，引导宝宝更快乐、更健康地生活。

（3）为什么爸爸妈妈每次吵架都互相推诿说“你儿子不像你像谁？”“你儿子都是你惯的！”我到底是谁的儿子啊？

错误回答：你如果不听话，就不是爸爸妈妈的儿子。

正确回答：你是爸爸妈妈共同的孩子，不论怎样这一事实都是不可变更的。

很多家长在吵架时，可能拿宝宝当挡箭牌，使宝宝对自己的身份产生怀疑。这个时候爸爸妈妈一定要注意了，宝宝很可能产生了忧虑，内心已经缺乏了安全感。因此，妈妈在这个时候更应该明确告诉宝宝他自己的身份，面对宝宝的错误，以后不能以是不是爸爸妈妈的孩子来威胁，以免造成宝宝的敏感不安。

3.科学的问题

（1）为什么早上太阳会出来，而晚上太阳会落下去呢？

错误回答：地球自转的规律决定了这一切，一直以来都是这样的。

正确回答：早上太阳必须要起床上学，而到了晚上，太阳必须按时睡觉，太阳和宝宝一样遵守时间。

虽然妈妈回答地球的自转原理是正确的，但是宝宝未必能听懂，妈妈可以结合宝宝的特点，教会宝宝一些浅显易懂的道理，效果更好一些。等宝宝长大一些，再教给宝宝科学知识也不迟。

（2）为什么铅笔写出来的字是黑的呢？

错误回答：铅笔芯本来就是黑的啊。

正确回答：拿出一张白纸，一张黑纸，宝宝分别在上面写一个字来看一看。

在大人看来是理所当然的事情，在宝宝心里未必如此。因此，日常中被我们忽视的很多问题，却被宝宝当成重要的问题来询问。这个时候爸爸妈妈不能一副理所当然的样子，应该在实践操作中，让宝宝寻找答案。

（3）天上为什么会下雨呢？

错误回答：这是大自然水循环的规律，宝宝还不懂，等你长大了就懂了。

正确回答：因为地上小草口渴需要喝水了，所以天空阿姨就要洒点儿水让它们喝，就像妈妈每天让你喝水是一样的道理。

3岁以后的宝宝有了一定的观察能力，他们关注周围的环境，甚至是天上的一些事物，自身的求知欲也随着观察能力的增强而增强。但是，对于一些自然规律，即便讲给宝宝听，宝宝也未必理解，妈妈可以运用比喻、拟人等修辞手法给宝宝解释，宝宝就会更容易理解一些。

4.性别的问题

（1）妈妈，我是从哪里来的？

错误回答：你是妈妈从野地里捡来的！

正确回答：你是爸爸妈妈爱的结晶，就像爸爸妈妈开的花结的果一样。

很多家长都曾遇到过类似的问题，这从某一角度来说，宝宝已经长大了，他们模糊地知道了一些关于性别的事情。因此，他们开始向父母寻求答案。如果家长仅仅以谎言来敷衍，就会让宝宝丧失最初的归属感。妈妈可以通过开花结果的道理，让宝宝明白培育宝宝是一个非常艰辛的过程，让宝宝了解父母的不易。

（2）为什么我不是爸爸生出来的呢？

错误回答：傻孩子，所有孩子都是他们的妈妈生出来的，爸爸怎么会生孩子呢？

正确回答：虽然孩子都是妈妈生的，但是如果没有爸爸的帮忙，妈妈是不能一个人生出宝宝的。

面对宝宝这样的问题，很多家长不免感到好笑，但又不能不重视，因为如果回答不当就会伤害宝宝。妈妈可以用一些童话故事里的小动物的故事来告诉宝宝这一道理。妈妈还可以告诉宝宝，长大成人和婚姻也是生育小宝宝的重要前提。

（3）为什么女孩子不能和我一样站着撒尿呢？

错误回答：你是男孩子当然要站着撒尿了。

正确回答：这是因为男孩子有小鸡鸡，而女孩子没有，男孩子站着撒尿不会把自己的裤子尿湿，而女孩子不行，所以就只能蹲着撒尿了。

3岁以后的宝宝开始对性别、性有了模糊的认识，他们会发现自己和异性的不同，因此内心会产生很多疑问。这个时候家长不应该回避，而应该适当教会宝宝一些基本的生理常识。

附 录

0～5岁育儿小知识

1.婴儿情绪发生时间表

情绪类型	最早出现时间	诱因	经常出现时间	诱因
痛苦	出生后1～2天	机体生理刺激	出生1～2天	机体生理刺激
厌恶	出生后1～2天	不良气味或味道	出生后3～7天	不良气味或味道
微笑反应	出生后1～2天	睡眠中机体生理过程的节律反应	1～3周	睡眠中机体生理过程的节律反应或触及面颊
兴趣	出生后4～7天	适宜光、声刺激	3～5周	适宜的光、声，或运动物体
愉快（社会性微笑）	3～6周	高频语音和人的面孔	2.5～3个月	人面孔刺激或面对面玩耍
愤怒	4～8周	持续痛刺激	4～6个月	持续痛刺激，或身体活动持续受限制
悲伤	8～12周	持续痛刺激	5～7个月	与熟人分离
惧怕	3～4个月	身体突然从高处降落	7～9个月	陌生人或十分新奇的物体
惊奇	6～9个月	新异刺激突然出现	12～15个月	新异刺激突然出现
害羞	8～9个月	熟悉环境中有陌生人接近	12～15个月	熟悉环境中有陌生人接近

2.宝宝的6大敏感期

（1）语言敏感期（0~6岁）

婴儿开始注视大人说话的嘴形，并有了咿咿呀呀地学大人说话的神情。语言能力影响孩子的表达能力，因此，父母应经常和孩子说话、讲故事，或多用“反问”的方式，加强孩子的表达能力，为日后的人际关系奠定良好的基础。

（2）秩序敏感期（2~4岁）

孩子需要一个有秩序的环境来帮助他认识事物、熟悉环境。一旦他所熟悉的环境消失，就会令他无所适从。

幼儿的秩序敏感力常表现在对顺序性、生活习惯、所有物的要求上。蒙台梭利认为，如果成人未能提供一个有序的环境，孩子便没有一个基础以建立起对各种关系的知觉。当孩子从环境里逐步建立起内在秩序时，智慧也因而逐步建构。

（3）感官敏感期（0~6岁）

孩子从出生起，就会借着听觉、视觉、味觉、触觉等感官来熟悉环境、了解事物。3岁前，孩子透过潜意识的“有吸收力的心灵”吸收周遭事物；3~6岁则更能具体地通过感官分析、判断环境里的事物。因此，蒙台梭利设计了许多感官教具，比如，听觉筒、触觉板等，以使孩子的感官变得敏锐，引导孩子的智慧。

（4）对细微事物感兴趣的敏感期（1.5~4岁）

忙碌的大人常会忽略周遭环境中的微小事物，但是孩子常能捕捉到个中的奥秘。因此，如果孩子对泥土里的小昆虫或衣服上的细小图案产生兴趣，正是培养孩子细致观察习惯的好时机。

（5）社会规范敏感期（2.5～6岁）

两岁半的孩子逐渐脱离以自我为中心，而对结交朋友、群体活动有明显倾向。这时，父母应与孩子建立明确的生活规范、日常礼仪，使其日后能遵守社会规范，拥有自律的生活。

（6）阅读敏感期（4.5～5.5岁）

如果孩子在语言、感官、肢体动作等敏感期内，得到了充足的学习，其书写、阅读能力便会自然获得。此时，父母可多选择读物，使孩子养成爱读书的好习惯。

3.宝宝性格发展5大时期

宝宝从出生到性格基本成形会经历以下5个时期，这对孩子不同性格的塑造非常重要。

（1）婴儿期：信赖——不信赖

此阶段，婴儿的生理需要完全依赖成人及时给予满足。如果婴儿与亲人之间没有建立依赖关系，就会产生不安全的心理状态，出现情绪问题。

（2）幼儿期：自主感——羞愧及怀疑

自我意识萌芽，但饮食和大小便等还要依赖成人，在此时的宝宝身上，“违拗性”与“依赖性”会交替出现。

（3）学龄前期：主动——内疚

孩子生活自理能力进一步提高，主动性加强，但当主动行动遭到失败时可产生失望与内疚的心情。

（4）学龄期：勤奋——自卑

孩子发现自己有某些方面突出、成熟的能力，会得到社会的认可；如果孩子不能发现自己勤奋的潜力，则将产生自卑心理。

（5）青春期：身份感——身份混淆

青春期孩子的体格、认知能力的发展和社会的要求都在变化，如果在感情问题、伙伴关系、职业选择、道德价值等问题上处理不当，就会让孩子产生身份混淆。